【德】汉斯·尤尔根·普雷斯/著　　王泰智　沈惠珠/译

动手"玩科学、做游戏"的科普经典

父母和孩子　老师和学生　互动交流建立友谊的最佳选择

游戏中的科学

全新修订版

Spiel das Wissen schafft

山西出版传媒集团
山西人民出版社

图书在版编目（CIP）数据

游戏中的科学/（德）普雷斯（Press.H.J.）著；王泰智 沈惠珠译.—太原：山西人民出版社，2009.6（2024.12 重印）

ISBN 978-7-203-06418-3

Ⅰ.游… Ⅱ.①普… ②王… ③沈… Ⅲ.自然科学—儿童读物 Ⅳ.N49

中国版本图书馆CIP数据核字（2009）第050527号

版权合同登记号 图字：04-2009-005

游戏中的科学

著　　者：普雷斯（德）
译　　者：王泰智 沈惠珠
责任编辑：阎卫斌
装帧设计：思想工社

出 版 者：山西出版传媒集团·山西人民出版社
地　　址：太原市建设南路21号
邮　　编：030012
发行营销：010－62142290
0351－4922220 4955996 4956039
0351－4922127（传真） 4956038（邮购）
E－mail：sxskcb@163.com 发行部
sxskcb@126.com 总编室
网　　址：www.sxskcb.com

经 销 者：山西出版传媒集团·山西新华书店集团有限公司
承 印 者：唐山玺诚印务有限公司

开　　本：889mm×1194mm 1/24
印　　张：10.5
字　　数：250 千字
版　　次：2009年6月第1版
印　　次：2024年12月第33次印刷
书　　号：ISBN 978-7-203-06418-3
定　　价：38.00 元

如有印装质量问题请与本社联系调换

★★★★★

首届国家图书馆文津大奖

《游戏中的科学》获奖词

《游戏中的科学》是读者特别是青少年动手“玩科学、做游戏”的科普经典读物。自1964年在德国出版至今40多年来一直畅销不衰，这本科普读物不仅再版了20次以上，而且在世界上超过20个国家和地区都有它的译本。本书既有数学、物理、化学、天文、地理、生物等基础学科，又有自然界和生活中的科技领域共20多个类别，是对读者特别是对青少年进行主动的、生动的、探究式学习的科技教育和素质教育的好教材，也是父母和孩子、老师和学生互动交流建立感情和友谊的最佳选择。

它呈现给读者400多个精彩的科学探索游戏。任何人都可以按照书的指引，在我们的身边或家里找到所需要的工具材料，在最普通的地方以最普通的方式愉悦地探究科学。人们会在好奇心的驱使下，不知不觉走进科学的后院，使大自然突然变得亲切，使科学的殿堂没有门槛。

首届国家图书馆文津大奖

《科学时报》年度科普佳作奖

第七届深圳读书月优秀青少年读物

《游戏中的科学》与一般的科普书不同，它让所有的人都可以动手参与，不管是父母还是小孩，老师还是学生。在游戏中学习科学，在实验中收获乐趣，让孩子既长了知识培养了动手能力，又轻松快乐。我愿意推荐给每一个家庭和中小学校，大家都来读读这本书！

——中科院院士、北京师范大学前校长 王梓坤

《游戏中的科学》内容涉及数理化、天文、地理、生物各学科领域，分20多个专题，400多个项目，图文并茂、引人入胜，可读性强，可操作性强，能使孩子在不知不觉中接受科学的熏陶，潜移默化；在幼小的心灵中播下科学的种子，必将发芽、开花、结果。

——中国科技馆馆长 王渝生

这些有趣的科学游戏，许多是历史上科学大师们当年做过的经典实验，有些是最近新发现的自然现象，还有一些是生活味十足的科学趣事。做这些游戏的时候，人们会陶醉在科学之中，也许会萌生新的科学构想。

这本难得的书可以作为以科学休闲的读物，使忙碌的人生小憩片刻，享受一把探究的快乐。书中的实验安全、简便、形象、直观，结果常常出人意料，每个游戏都有丰富的科学内涵，使人津津乐道，举一反三。它们可以作为中学和小学科学教育的基本素材，成为物理、化学、生物和数学课生动有趣的实例。

——中国科协常委、北京市科协副主席 张开逊

创新是民族的希望，使子女成为具有创新精神的一代更是所有父母的愿望。而创新意识应从小培养，让孩子在“做中学”，在活动中体验，从而学会观察，学会发现，学会思考，进而创新。而《游戏中的科学》恰恰为老师和父母提供了丰富的素材，可以帮助孩子在游戏中学习科学，在实验中收获乐趣。作为一名教育工作者，我清楚地知道孩子获取知识的渠道不仅仅在课堂，也不仅仅在课本，丰富的课外阅读，有趣的实验活动更有益于学生积累知识，增长才干。而这本书，集知识学习与游戏及动手实践为一体，有利于学生学习成长。

——光明小学校长、特级教师 刘永胜

长期以来，不论是在家庭教育中还是在学校教育中，家长和教师在学生面前总是以权威自居，家长与孩子之间、教师与学生之间很难沟通。虽然也有一些家长和教师开始有与孩子平等交流、相互学习的愿望，但是他们不知从何下手。《游戏中的科学》为这些家长和教师创造了相互沟通、交流、学习的条件，通过家长与孩子、教师与学生共同完成一个个实验，孩子们将对科学实验产生兴趣、增长知识，同时家长和教师将在实验中发现孩子的长处，从另一个方面更加深入地认识和了解孩子。

总之，这些实验将为家长与孩子、教师与学生沟通提供一个个有趣的话题。父母与孩子、教师与学生、学生与学生在游戏中学到科学，在游戏中互相了解，在游戏中增进情感，在游戏中共同进步。

——北京教科院基础教育教学研究中心主任 梁威

天文类

用植物做试验

化学类

电流

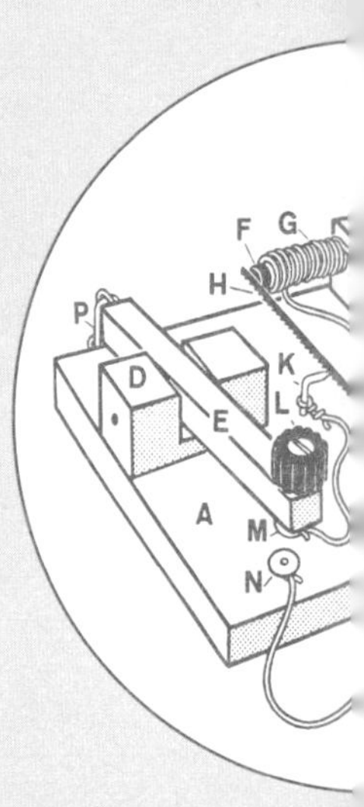

CONTENTS

·目·录·

静电现象

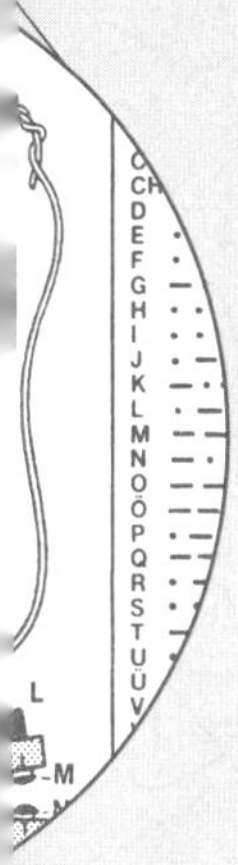

磁 力

空 气

热/冷/冰

流体试验

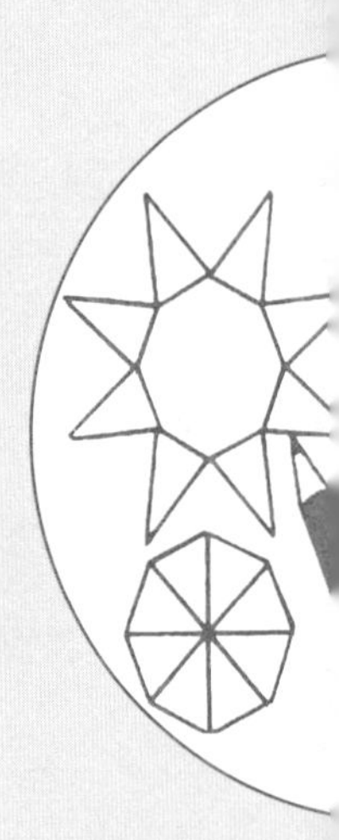

分子的力量

重心和重力

惯性

技术力量游戏

声音

光

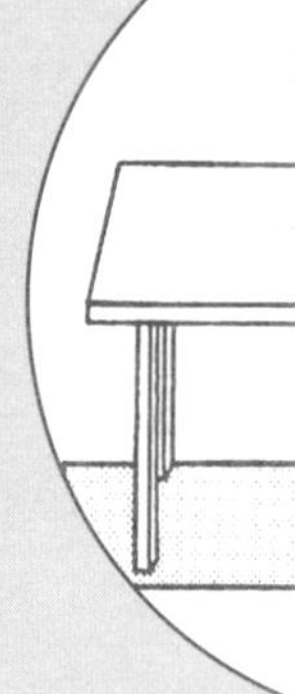

错觉

几何

各式各样的机械运动

自然现象和技术

家中和花园里

田野和草原

灌木和森林

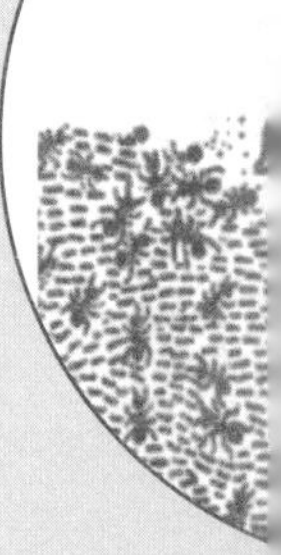

河流、湖泊和海洋

海滩和岩石

NO.001 把太阳的图像请到家

把一个望远镜放在开着窗户的窗台上，拉下窗帘，留出一定的缝隙，让阳光正好能射入镜头。然后，用一面镜子放在望远镜另一端的一个镜头下，使太阳的图像反射到室内的墙壁上。

注意，不要直接用望远镜看太阳，那样会伤害你的眼睛！你可以通过镜子的反射，在墙壁上清晰地看到太阳光盘的真实景象。如果望远镜的质量够好，你甚至能看到太阳上的黑斑，叫做太阳黑子。那是太阳上的阴凉区域，只有2000摄氏度，而太阳其他区域的表面温度却高达6000摄氏度。还有一点需要注意，由于地球的自转，墙壁上的图像也会不断移动，所以观察时你需要不时调整望远镜的位置。

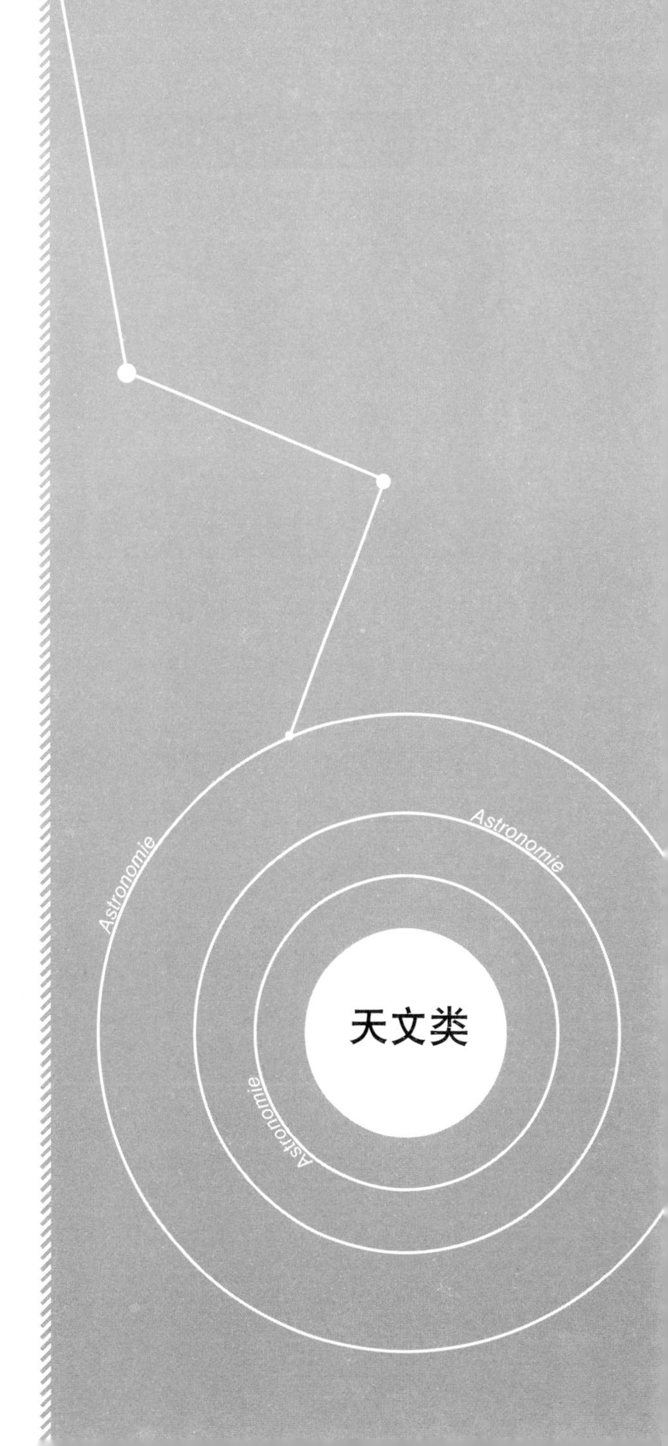

NO.002 树荫下的小太阳

太阳当空的时候，大树下面的阴影里会出现很多圆形的光圈。它们为什么是圆形的，却和树叶间隙的形状不一样呢？

原来，通过树叶间隙撒向地面的阳光，实际反映了一个个小太阳图像。树叶间的间隙越小，图像就越清晰。每一个小间隙就像是照相机的光圈：它把边缘的虚光挡在外面，只让细长的光束通过，反射出清晰的太阳图像，所以形状都是圆形的。而当天空出现日食时，月球会遮住部分太阳，所以这时候树荫下的小太阳图像也会发生变形：例如只能看到小镰刀形状。

NO.003 做个简易日晷

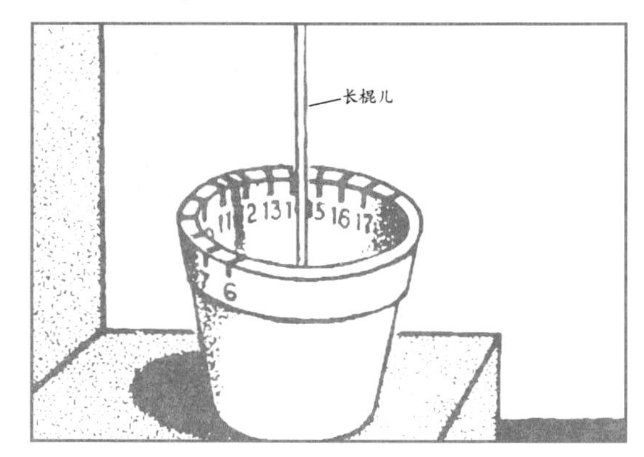

拿一只花盆，在盆底的圆孔处插一根长棍儿，放在花园或阳台整天都有阳光的地方。

长棍儿的影子，将随着太阳的运行沿着盆沿移动。每过一个小时，你就在盆沿的阴影处做一个标记。这样，以后只要有阳光，你就可以在这个花盆上读出时间。

由于地球的自转，太阳看起来似乎在我们头顶自东向西运行一个半圆形轨道。因此，长棍儿的影子也就相应地沿着盆沿移动。由于盆壁是倾斜的，所以阳光几乎是笔直地射向盆壁，因而长棍儿的影子也就相当准确。

NO.004 再做一个迷你日晷

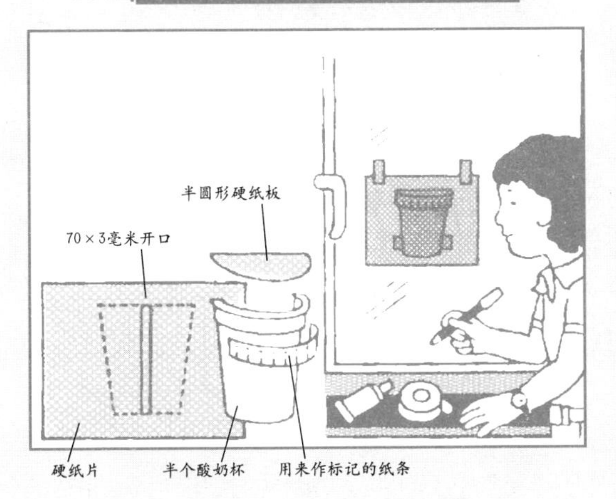

拿一张明信片大小厚薄的硬纸片，在中间剪一个70×3毫米的开口。把一只不透明的塑料酸奶杯从中间剪开，把其中的一半准确地贴在纸片开口处（见图中虚线），上面用一块半圆形硬纸板盖上，然后在杯的边缘贴一张纸条。

迷你日晷做完了。你把它挂在室内朝阳的窗子玻璃上。由于地球的自转，太阳似乎在我们头顶做弧形运动。一股细细的光束出现在迷你日晷的壁上，它告诉我们白天的相应时间。当然你必须每个小时在那张纸条上做一个时间标记。

NO.005 世界时间钟自己也可以制作

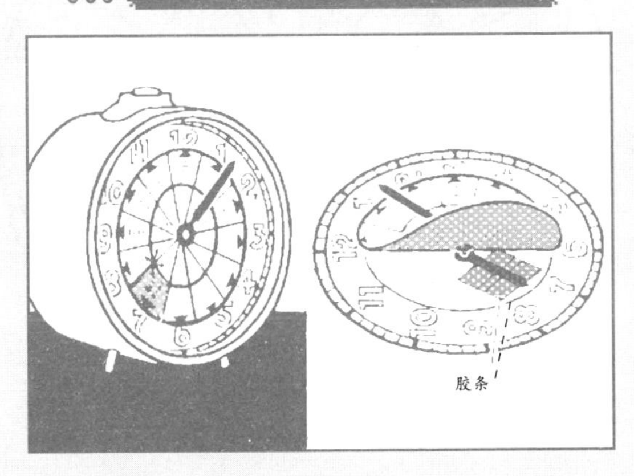

找一只闹钟，把玻璃蒙子卸下来。

把下页图1中的世界时间圆盘，在图画纸上画出来，圆盘的大小必须和闹钟内圈的大小一致。然后，沿着外沿将这个圆盘剪下来，把闹钟的分针穿过圆盘的中心圆孔，再把闹钟的时针用胶条固定在圆盘的背面。注意：圆盘上标有“柏林”字样的大黑三角箭头，时针必须固定在这个箭头下面。固定以后，当闹钟开始走动时，圆盘就会跟着时针一起旋转，这时候，闹钟就能向你展示全球各地的时间了！

你首先找到中欧时间（大黑三角箭头指向的时间），然后沿着圆盘外圈逆时针看，你就能看到柏林以西地区的时间。每一个区都比前一个区早一个小时。比如：闹钟显示柏林是上午7点02分，那么摩洛哥就是上午6点02分，这时候，美国的旧金山是几点呢？因为旧金山和洛杉矶同处一个时区，你可以从圆盘看出，洛杉矶那里的时间是前一天晚上的10点02分。

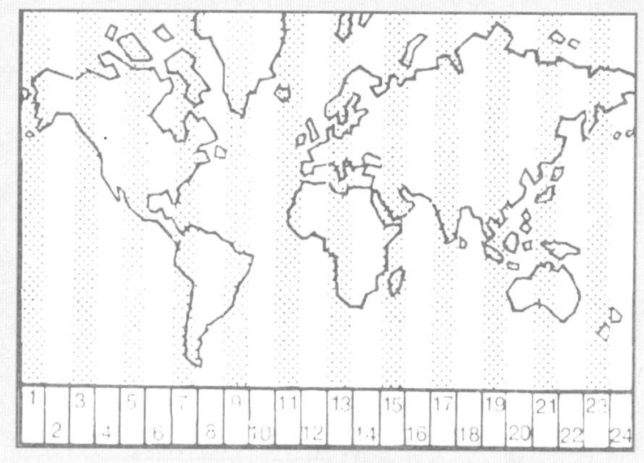

世界24时区图

然后，沿着圆盘内圈顺时针看，你就能找出柏林以东地区的时间了。在这种情况下，每一个区都比前一个区晚一个小时。比如柏林是上午7点02分，这时候北京就已经是下午2点02分了。

需要注意的是：在24个时区中，几个有关联的城市会同属于一个时区。比如有的西欧国家如英国，它就和中欧国家一起同属中欧时间。你还需要考虑到，有些国家使用夏季时间，即在夏季将时间拨快一个小时。

（中国读者可以根据北京时间为基准，制作世界时间闹钟，基本原理与这个试验一样。——编者注）

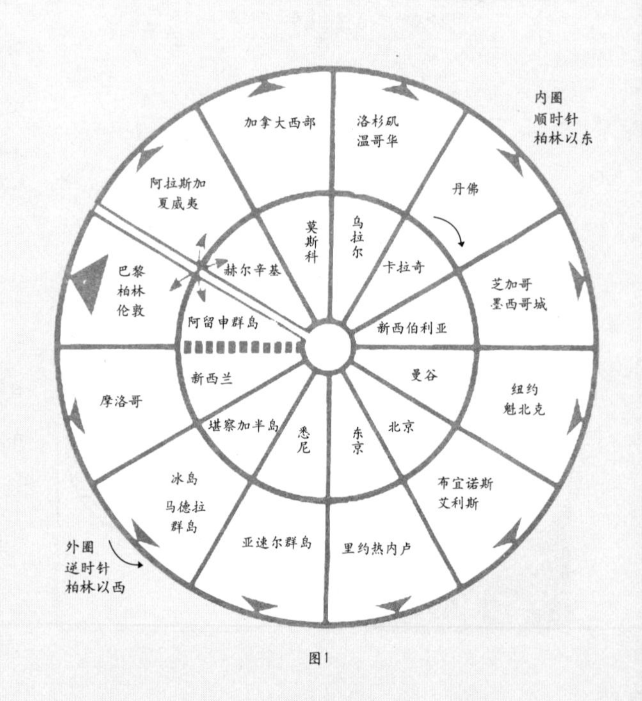

图1

NO.006 自动人工灌溉

把葡萄酒瓶灌满清水，用手捂住瓶口，然后猛地翻过来，口朝下插在花盆中。用这个方法，瓶中的水可以自动灌溉植物好几天。

瓶中的水流入土中，待周围的土壤潮湿以后形成密封状态，空气无法注入瓶中，瓶中的水即不再外流。天气暖和的时候，你可以观察到瓶中升起的气泡要比天冷的时候多——这说明在热天，植物需要更多的水。

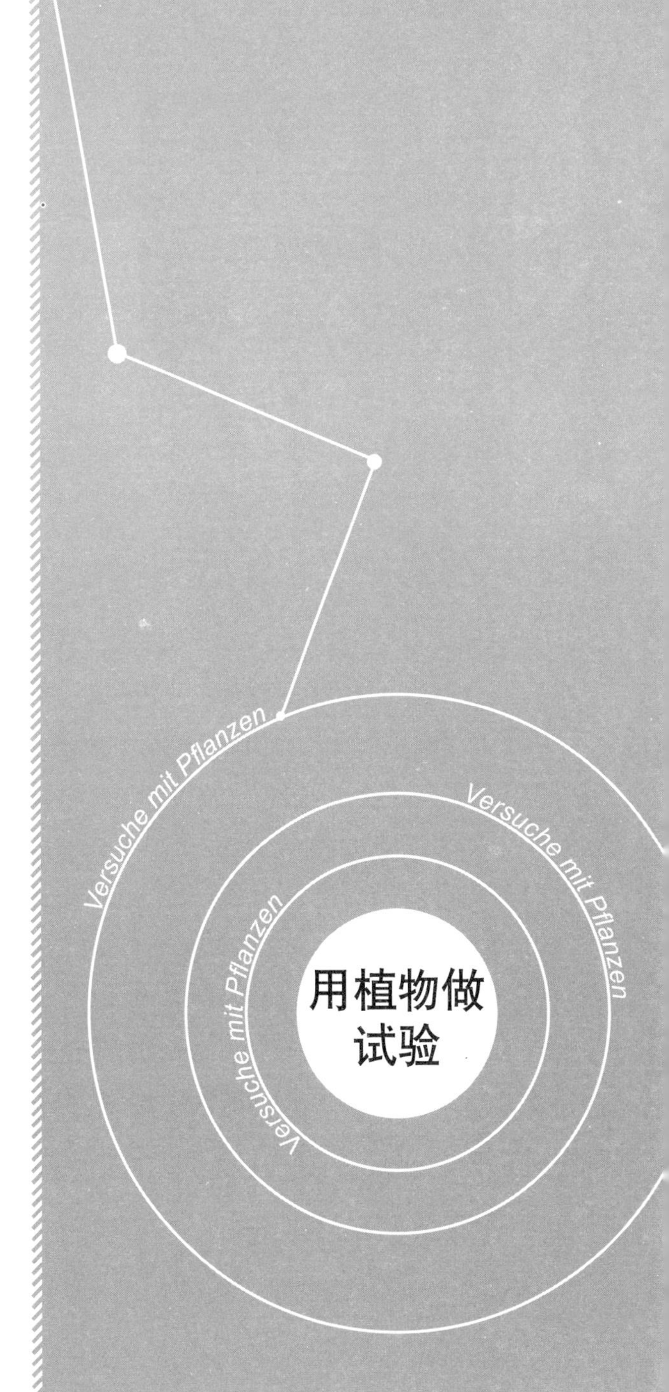

NO.007 玻璃杯中的雨

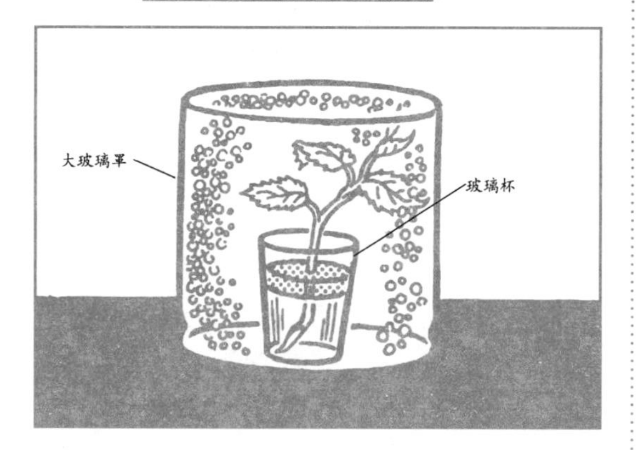

把一根带叶的植物枝条放入有水的玻璃杯中，置于阳光下。在水面上滴入薄薄一层食用油，然后在玻璃杯上覆盖一个大玻璃罩。在很短时间内，罩壁上就会聚集起水滴。

由于油层不让水穿过，所以玻璃杯中的水只能通过叶子蒸发出来。实际上，是植物枝条所吸收的水分，通过叶面上的细小毛孔向空气中蒸发。阳光照射到玻璃罩上，使得里面的空气湿度饱和，于是就会出现蒸发现象：就像是细雨在冷的玻璃壁上结成水滴。

NO.008 植物的向光之路

把一块正在发芽的土豆，种在有潮湿泥土的花盆中。将其放入一只鞋盒的一角，然后在鞋盒的另一端剪一个圆孔。鞋盒里面再贴两道隔墙，各留下一个小空隙。

把鞋盒盖上，放在靠近窗子的地方。几天以后，土豆芽就会通过这座黑暗的迷宫找到光线的入口。

植物都含有对光线敏感的细胞，指挥着植物的生长方向。即使进入鞋盒的光线十分微弱，也能使土豆芽弯弯曲曲地朝着有光的方向生长，不过这样长出的土豆芽，它的颜色却是苍白的，因为它在黑暗中无法生成对其生长极其重要的叶绿素。

NO.009 曲线生长

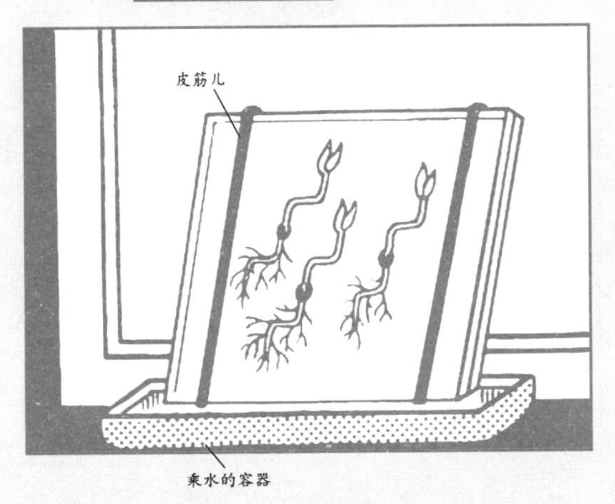

拿几颗已经萌芽的种子，比如水萝卜或豆类的种子，放入两块玻璃板中间的吸墨纸上，用皮筋儿把两片玻璃板固定住，然后放入靠近窗子的一个有水的容器内。每两天把夹有萌芽的玻璃板调换一个角度放置，如90度。调换几次之后你会发现，植物的根永远往下扎，而茎却永远往上长，于是就形成了图中芽茎曲折生长的形状。

植物具有类似感官的性能。它的根部永远朝地心方向发展，而其芽茎则朝相反的方向。比如在山坡上生长的植物，其根部不是朝山体方向生长，而是朝地心方向生长的。

NO.010 渗透压力

把一些干豌豆埋在一只装有石膏的香烟盒中，让石膏块硬化，然后取出硬石膏块，放入一只盛水的盘子里。石膏块很快就会崩裂成为两半。这里起作用的力量叫做渗透压力：水穿透到有孔隙的石膏块中，然后逐渐渗入豌豆的细胞壁里，在细胞中增加压力，最后使石膏块崩裂。

在马路边缘，我们可以发现有些沥青路面会拱起和破裂。这是由于路面下的植物萌芽从根部吸取水分，然后通过渗透压力传到上面。于是，萌芽顶部产生了一种比一部空气压缩钻凿的压力还大数倍的能量，将路面钻裂！

NO.011 用渗透压力做游戏

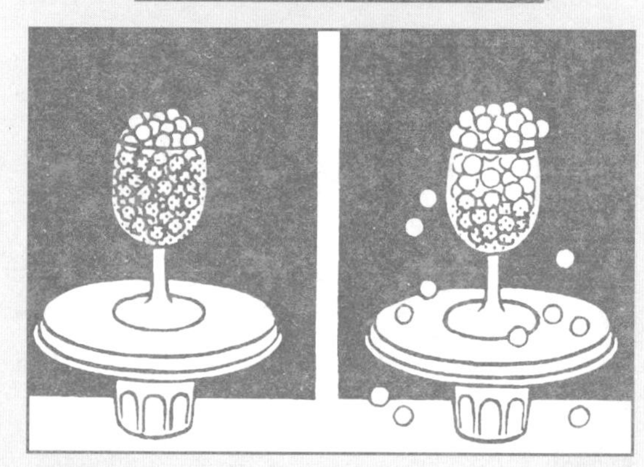

在一只葡萄酒杯中装满干豌豆，把水灌满，然后把杯子放在一个金属锅盖上。慢慢的，豌豆堆会不断升高，然后就开始了豌豆落到锅盖上的魔鬼般的喧闹。

这同样是一个渗透压力起作用的过程：杯中的水进入豌豆细胞中，激活了其营养成分，从中产生压力，使豌豆不断膨胀，最后从杯子里涌到外面，落在金属锅盖上。

对植物生命攸关的水，就是以同样的方式渗入其细胞壁，使其饱满。如果植物得不到水，它的细胞将萎缩，最后凋谢。

NO.012 雨中的樱桃

如果连续几天下雨，树上成熟的甜樱桃就会裂开。这和你把樱桃放在水中一段时间的效果一样。通过其表皮细微的孔隙，水虽然可以渗入樱桃，但它的含糖分的浓汁却不会渗出来。渗入的水分，在樱桃果实中稀释了糖汁，同时增强了细胞中的压力，最终导致果实爆裂。

液体在肉眼看不见的细胞壁的孔隙中穿行，称为渗透。这个过程，和植物从根部吸取水分的过程是一样的，是一个细胞一个细胞地逐渐传导至树叶。

NO.013 桦树的水分

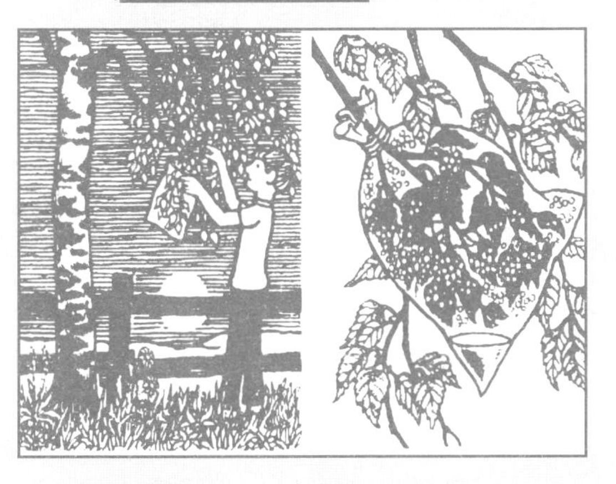

在一棵桦树长有叶子的枝条上绑一个塑料袋，袋内就会逐渐潮湿，袋壁上会附着很多水滴，两天后就会在里面的一角上聚集起水来。

天热时，即使很少的几片叶子，上面也会形成相当多的水分。在夏天，一棵成熟的桦树每天最多可以散发400升的水，这些水分都是从根部吸收、然后通过树叶上无数微小的孔隙散发出来的。

NO.014 阳光下的生命

在一只大玻璃罐中注满清水，往里面放入数枝水藻嫩芽。把玻璃罐置于阳光下，水中马上就会出现一些小气泡。然后，在罐中植物的上方支起一个倒放的漏斗，漏斗口上再放一只玻璃管。这时候，植物吐出的气泡，开始缓慢地充满玻璃管。

植物需要阳光。在阳光的帮助下，水和二氧化碳会生成使其成长和壮大的叶绿素，同时释放出氧气。所以这时候，在漏斗上方的玻璃管中已经充满了氧气。你把它取出来，往里面放进一块尚有火星的木屑，它就会立即燃烧起来。我们知道，任何燃烧都必须有氧气帮助。

NO.015 双色奇花

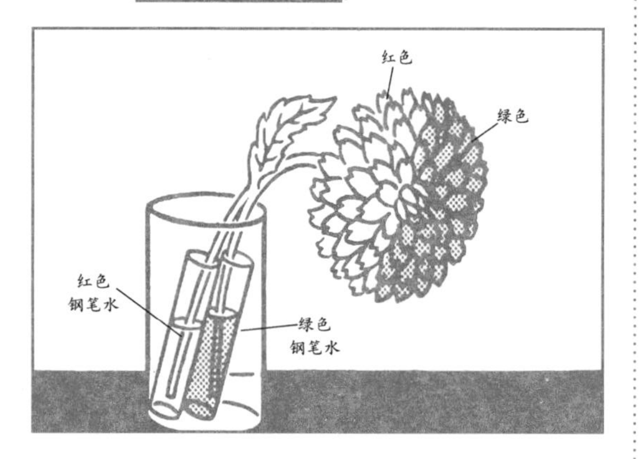

用清水把少量绿色和红色的钢笔水进行稀释，分别各灌入一只小玻璃试管中，然后把两只试管放入一个玻璃杯里。把一支开白花的花梗（例如玫瑰花或丁香花）切开，把被切开的两支花梗末梢分别放入两只玻璃管中。花梗很快就会改变颜色，而且只要几个小时，花朵也会变成一半为红一半为绿的双色奇花。

有色液体顺着花梗上平时从根部吸取水分和营养的毛细管道上升，颜色最后停留在花瓣上，而其中的液体则通过孔隙散发到外表上。

NO.016 白杨树叶的脉络

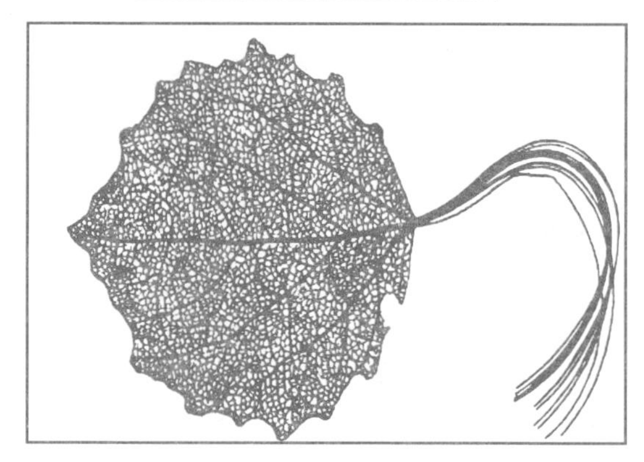

大多数树木的落叶，一年后就会腐烂，但白杨树的叶子，却只有叶面上的软细胞会腐朽。而叶面上的木质部分及其细微的叶脉，在大多数情况下却会完整地保留下来，即使树叶是落在了潮湿的土地上。

叶梗上输送水分和营养的毛细管道，同样保持良好。当微风吹动树叶在树上摇晃时，其叶梗显现出一种弹性，类似细铁丝的强度。

NO.017 密写墨水其实很简单

如果你想写一封秘密信函，其实是很简单的，只要找来柠檬汁或食用醋就可以了，它们就是密写墨水。用笔蘸着它写在普通的白纸上，干了以后，纸上的字迹就会消失。收信人知道这是一封密函，他就应该把白纸小心地放在蜡烛火焰上方烘烤。烤过的纸上的字迹会变成褐色，变成可读的信息。

柠檬汁或食用醋，通过化学反应使纸上写了字的部分成了一种类似赛璐玢的物质。它们的燃点低于纸张本身，所以烘烤时，写过字的地方会先烧焦，密函的内容也就显现了出来。

（赛璐玢[lù fēn]：玻璃纸的一种，无色透明，有光泽。——编者注）

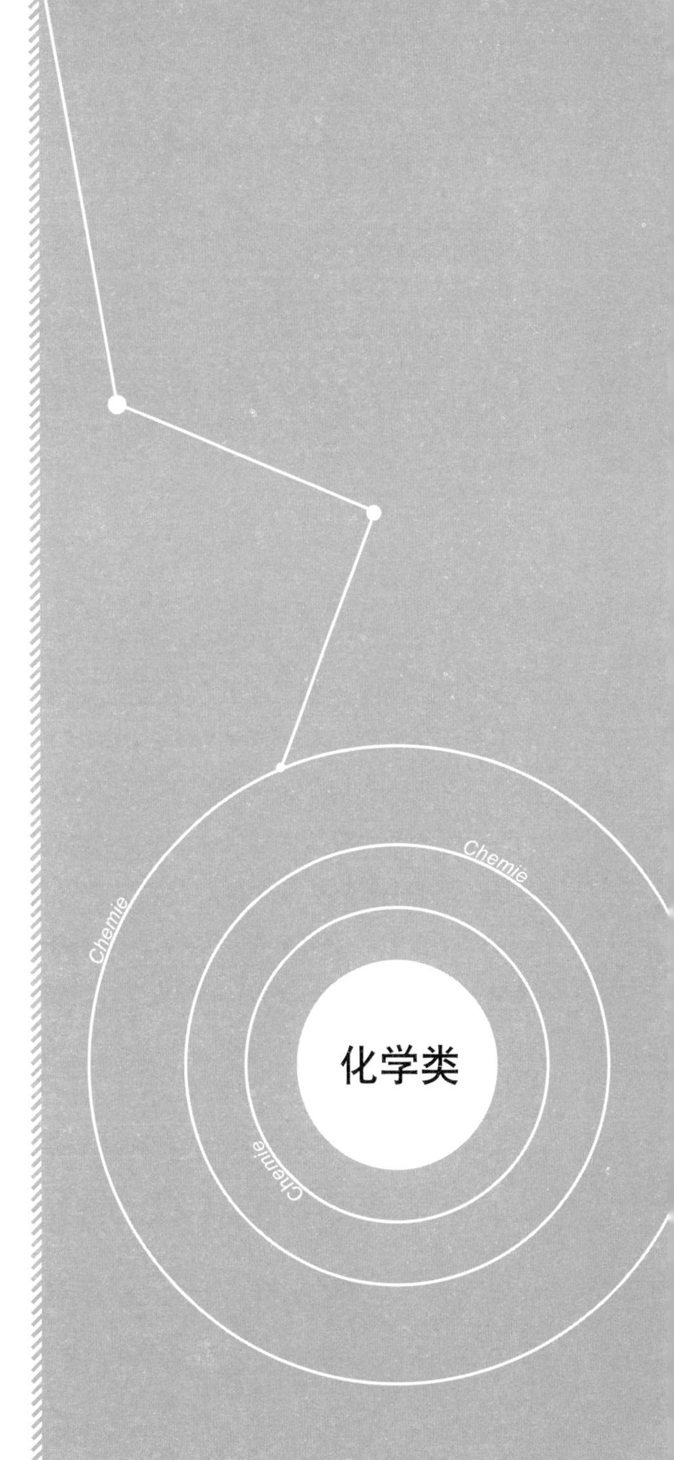

NO.018 来自橡树的墨水

用橡木做的水槽外侧有铁箍固定的地方，木质的颜色呈现深蓝色，看起来就像是用墨水染上的一样。这是怎么一回事呢？

实际上这确实是一种墨水，是鞣酸和铁结合在潮湿中形成的。过去，人们就是用铁粉和含大量鞣酸的橡木虫瘿来制造墨水的。

可以做一个试验：用一把非不锈钢刀，在一棵橡树上割一块五倍子下来，刀刃很快就会染上蓝色。

（虫瘿[yǐng]：指在植物体上由于昆虫产卵寄生引起的异常发育部分。
五倍子：漆树科植物的叶子上的虫瘿，主要由五倍子蚜寄生而形成。
鞣[róu]酸：有机化合物，淡黄色粉末，有微臭。工业上用来制墨水和鞣皮革，可入药。——编者注）

NO.019 复制报纸图片的简易办法

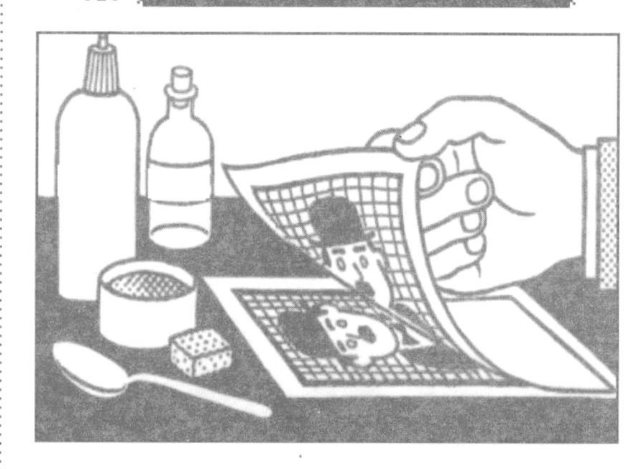

报纸上的照片和图画很容易复制。取两勺清水，一勺松节油和一勺洗涤剂混合在一起，然后用一块海绵蘸着这种混合液，轻轻按涂在报纸有照片和图画的地方。然后覆盖上一张普通白纸。用一把小勺的背面用力碾擀白纸，报纸上的图像就会清晰地复制出来。

松节油和洗涤剂混合，产生了一种感光乳胶，会浸入到干燥的油墨染料和油脂之中，使其重新液化。不过这种混合液只能化解报纸上的油墨。杂志上的彩色图片，因含有过多油彩，很难化解。

NO.020 变色魔术

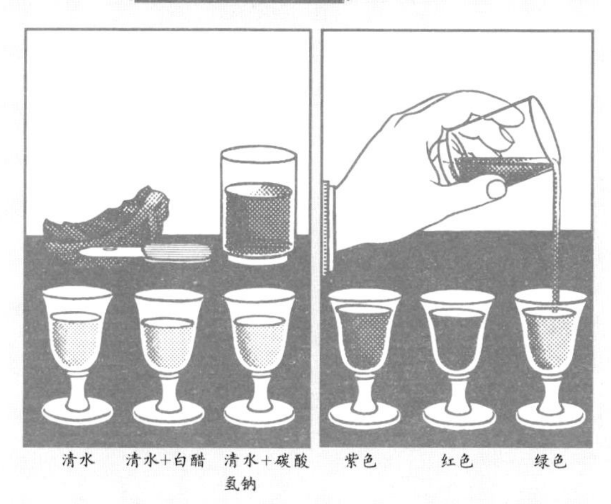

把紫叶甘蓝的叶子切成菜丁放入碗中，并注入开水。待半个小时以后，水的颜色变成紫色，然后把变了色的水，倒入一只玻璃杯中。取三只小玻璃酒杯，各倒入半杯清水，然后在第二杯中倒入少许白醋，第三杯中倒入少许碳酸氢钠。当你在每只杯中都倒入一些菜汁以后，各杯中原来透明的水开始变色。第一杯变成紫色，第二杯变成红色，第三杯则变成了绿色。紫叶甘蓝的菜汁是一种指示剂。用它可以观察化学反应，就像化学试剂。在这里，指示剂告诉我们：第一杯是中性的，第二杯发生了酸性反应，而第三杯则是碱性反应。

NO.021 会燃烧的方糖

取一块方糖，置于一个金属盒盖上，用火柴试试它是否可以点燃？当然不行。但如果你把方糖的一角放上少许香烟灰，然后放上一支燃烧的火柴，方糖立即就会冒出蓝色的火焰燃烧起来，直到最后完全融化。

尽管香烟灰和方糖都无法单独点燃，但烟灰却可以引发方糖的燃烧过程。

一个可以引发化学反应，但本身却不发生变化的物质，我们就把它叫做催化剂，比如这个实验中的香烟灰。

NO.022 燃气管道

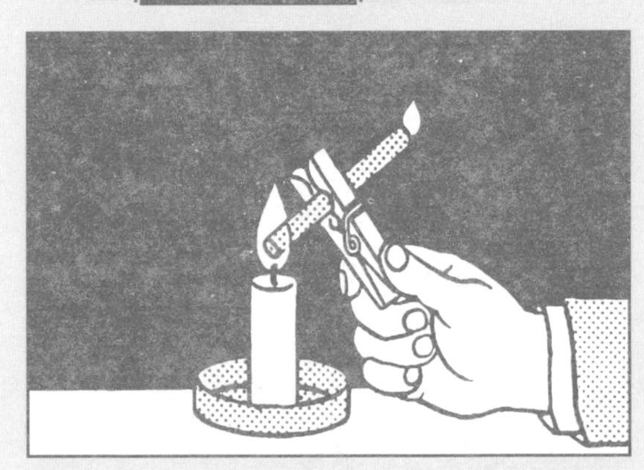

借助铅笔把一块薄铁片卷成一根10厘米长的小管，把它的一端置于一支蜡烛火苗的上方。取一根燃烧着的火柴放在小管的另一端，管口立即燃起另一个火苗。

和所有固体和液体燃料一样，蜡烛通过加热，产生可燃气体，聚集在烛心火苗附近。它和空气中的氧一起燃烧在火苗的外层和尖端。而处于中心地位尚未燃烧的气体则通过管道外溢，将另一端的火柴点燃。

NO.023 燃烧的铁

你是否可曾想到，铁也可以用火点燃吗？把细的钢丝绒缠到一根小木棍儿上，放在蜡烛火苗上方。钢丝开始燃烧起大火苗来，就像烟花一样迸发火花。

这里发生的是高速氧化作用。铁和空气中的氧结合成为氧化铁。这个过程产生的温度超过了铁的熔点。由于氧化铁的碎末不断下落，所以建议这个试验一定要在洗碗池中进行。

NO.024 无火焰的燃烧

取一把细钢丝绒塞进一只玻璃杯中，然后用水弄湿。把杯子倒放在一只放了水的盘子里。开始时，杯中的空气会阻止盘里的水进入杯中。但很快盘子里的水位开始下降，而杯中的水却不断上升。由于空气中有五分之一是氧气，杯中的水会在大约一个小时以后占据杯子五分之一的空间。而且在这个过程中，杯子会释放出一些热量。

以上现象的发生，是由于钢丝绒蘸湿以后开始生锈，因为铁和空气中的氧开始结合。人们称这个过程为氧化。注意：不锈钢钢丝绒不适合做此试验。

NO.025 灭火器

把用过的一小截蜡烛放入空水杯中点燃。在第二只杯子里放入一茶羹碳酸氢钠，并加入少许食醋，白色粉末就会开始冒泡，这表明正在产生一种气体。然后轻轻把杯中的泡沫向蜡烛倾斜，蜡烛就会立即熄灭。

这个化学反应产生了无形的气体——二氧化碳。它比空气要重，所以它会往下沉。另外，由于它是不可燃气体，所以就像是灭火器一样使火焰窒息：冒出的泡沫由无数含有二氧化碳的小气泡组成。它们包围了火焰，阻隔氧气进入。火焰随之熄灭。

NO.026 遥控点火

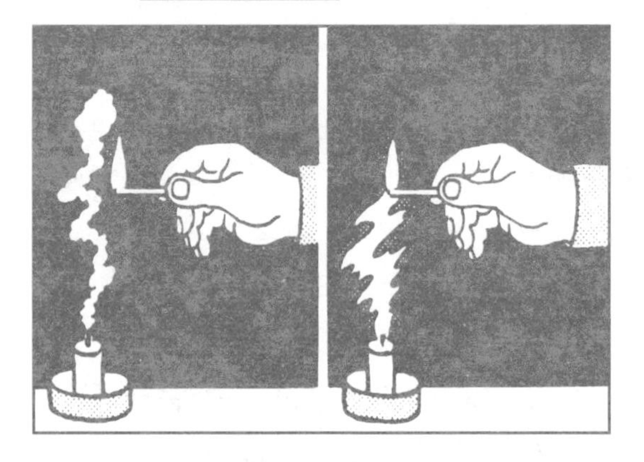

点燃一支蜡烛，让它燃烧片刻，然后再把它吹灭。烛心冒出白色的烟雾，这时候你在烟雾上方划着一根火柴，一股火苗会立即冲入烛心，重新点燃蜡烛。

蜡烛吹灭后，其中的蜡质还保持极高的温度，所以才以烟雾的形式散发出来。这股烟雾是可燃的，一遇到明火就会立即燃烧。这个试验表明，固体物质的表面，在氧气下燃烧之前，会呈现出气状。

NO.027 被损坏的金属

在一杯水中放入一片铝箔（可从巧克力包装纸上剪下），铝箔上放置一枚铜质硬币。玻璃杯放置一天以后，杯中的水开始变得浑浊，铝箔上放置硬币的地方会出现一个漏洞。

这种损坏我们称它为腐蚀，它常常发生在两种不同金属相接触的部位。在混合金属（合金）中，如果其组成部分不均匀的话，腐蚀现象会表现得特别突出。在我们的试验中，水的浑浊是由于铝的分解。另外，在分解过程中也会产生少量电流。

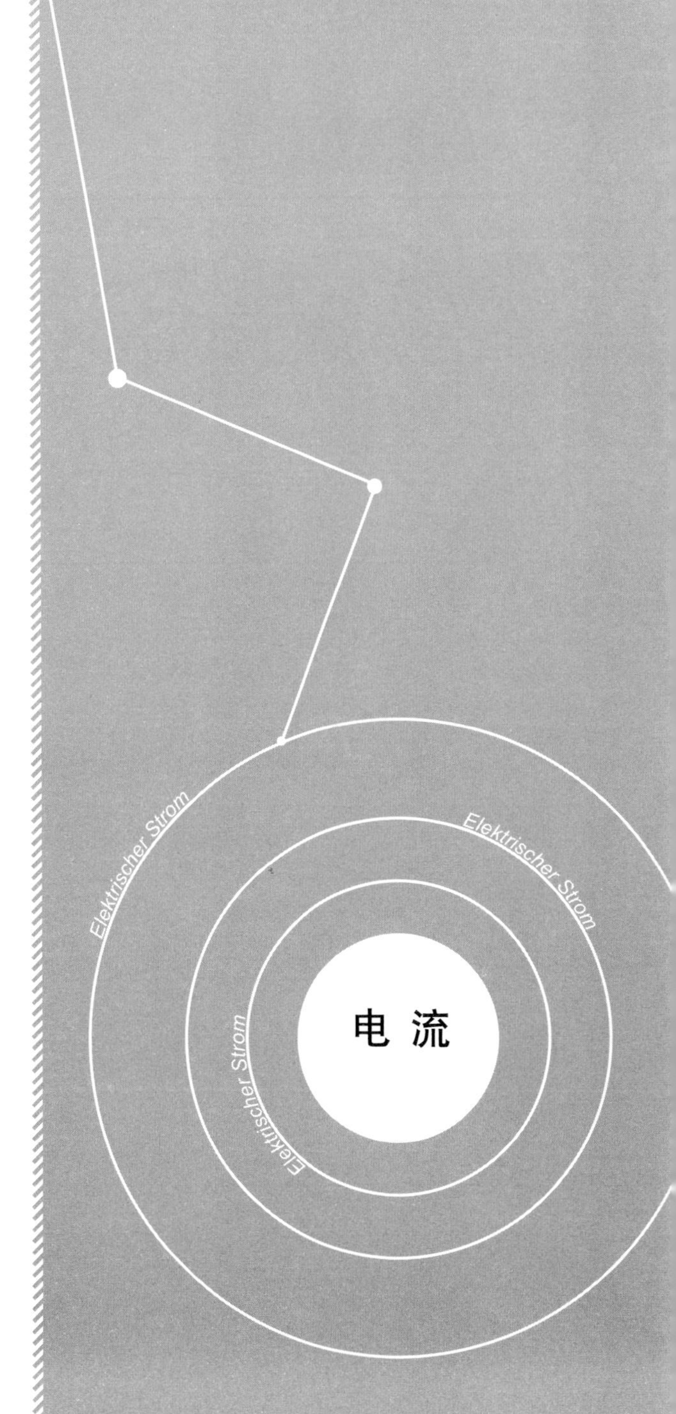

No.028 土豆电池

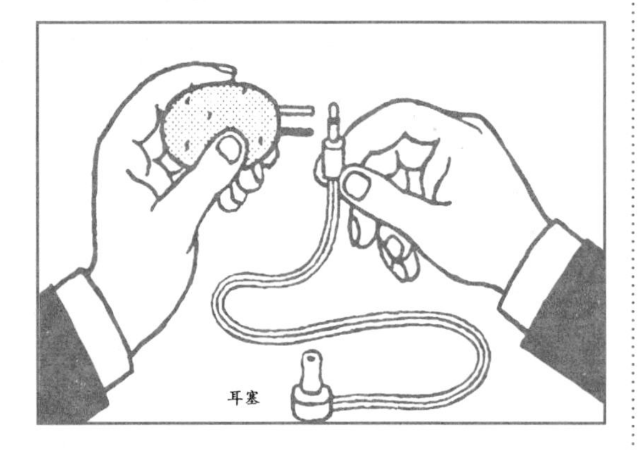

把手指长的铜丝和锌丝分别插入一只生土豆中。然后拿一个小耳塞的插头接触两根金属丝，你就会听到清晰的嚓嚓声。

这个声音是通过电流产生的。和普通电池一样，土豆和金属丝也产生了电流，尽管这种电流很微弱。通过化学反应，土豆汁接触到了金属丝，从而产生了电能。

人们把这种土豆电池称为伽伐尼电池。因为是意大利的医生伽伐尼，于1789年首次在试验中观察到了这一现象。

No.029 来自金属的电流

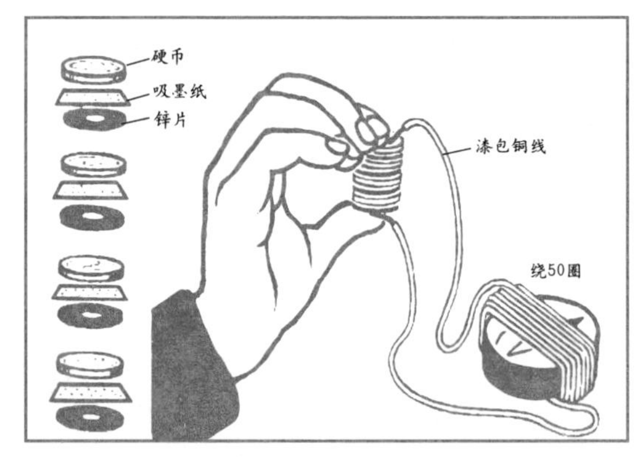

把多枚擦得铿亮的硬币和同样大小的锌片分别交叉地摞在一起，并在每一对金属片之间放入用盐水浸泡过的吸墨纸。于是，电流被释放了出来，而且你可以证明它的存在。

用细的漆包铜线，把一只指南针绕50圈，然后把铜线裸露的两端分别放在最后一枚硬币和最后一个锌片上。这时候，电流会立即驱动磁针开始运动。

盐溶液使金属起了化学变化。其结果就是通过电线产生了电流，并对指南针发生了磁性作用。

NO.030 做一个电磁铁

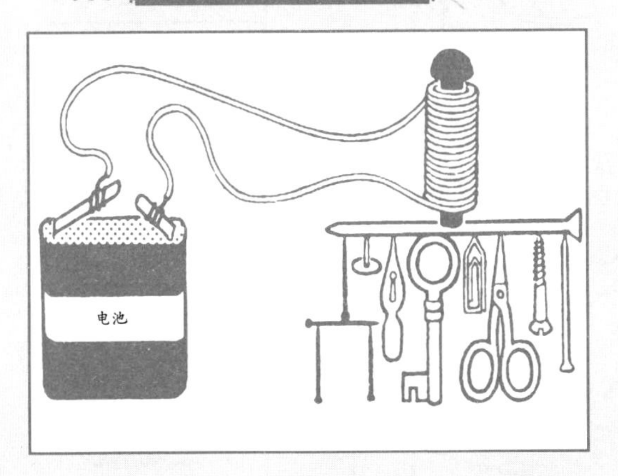

用胶条缠绕一根手指长的铁螺栓，上面再缠绕1至2米长的绝缘细铜丝。把铜丝裸露的两端连到一块电池上。现在螺栓即可吸住一切铁质物件了。电流在线圈中形成一个磁场。物体中的微小的磁粒子开始重新排列，形成了南北两极。需要进一步说明的是，如果螺栓是软铁的，那么当我们切断电流，螺栓上的磁性会随即消失；如果螺栓是钢质的，它将能保留磁性。所以，我们通常就是用这种办法来使钢制品磁化的。

NO.031 莫斯电码发报机

把木板B、木块C和木块D钉在木板A（10×10厘米）上。让一根4厘米长的铁螺栓F从B木板上的圆孔中穿过去。螺栓上缠绕100圈铜丝（G）。铜丝两端分别连接在电池和锯条H上。把木块C钻一个洞，把锯条H穿进去固定住，让它的末端距离螺栓F约2毫米远。把一根长铁钉K从底部钉入木板A，把它上部弄弯，使其钉尖正好接触到锯条中部。把钉尖涂上油料。发报机的按键可取一木条（E）用猴皮筋儿（P）连接作为弹簧，用两枚图钉（M和N）作为接触点。用电话线（去掉绝缘包皮）把各部分连接起来。

按下按键L，则接通电流，螺栓F磁化，吸住锯条H。就在这一刻，锯条H离开铁钉K，K处电流中断，螺栓失去磁性，H就反弹回去，电流又重新接通。这个过程快速重复，使抖动的锯条产生嗡嗡的响声。你如果想在两台发报机之间传递莫斯电码，就必须按照下页图1的线路图连接三条线路。

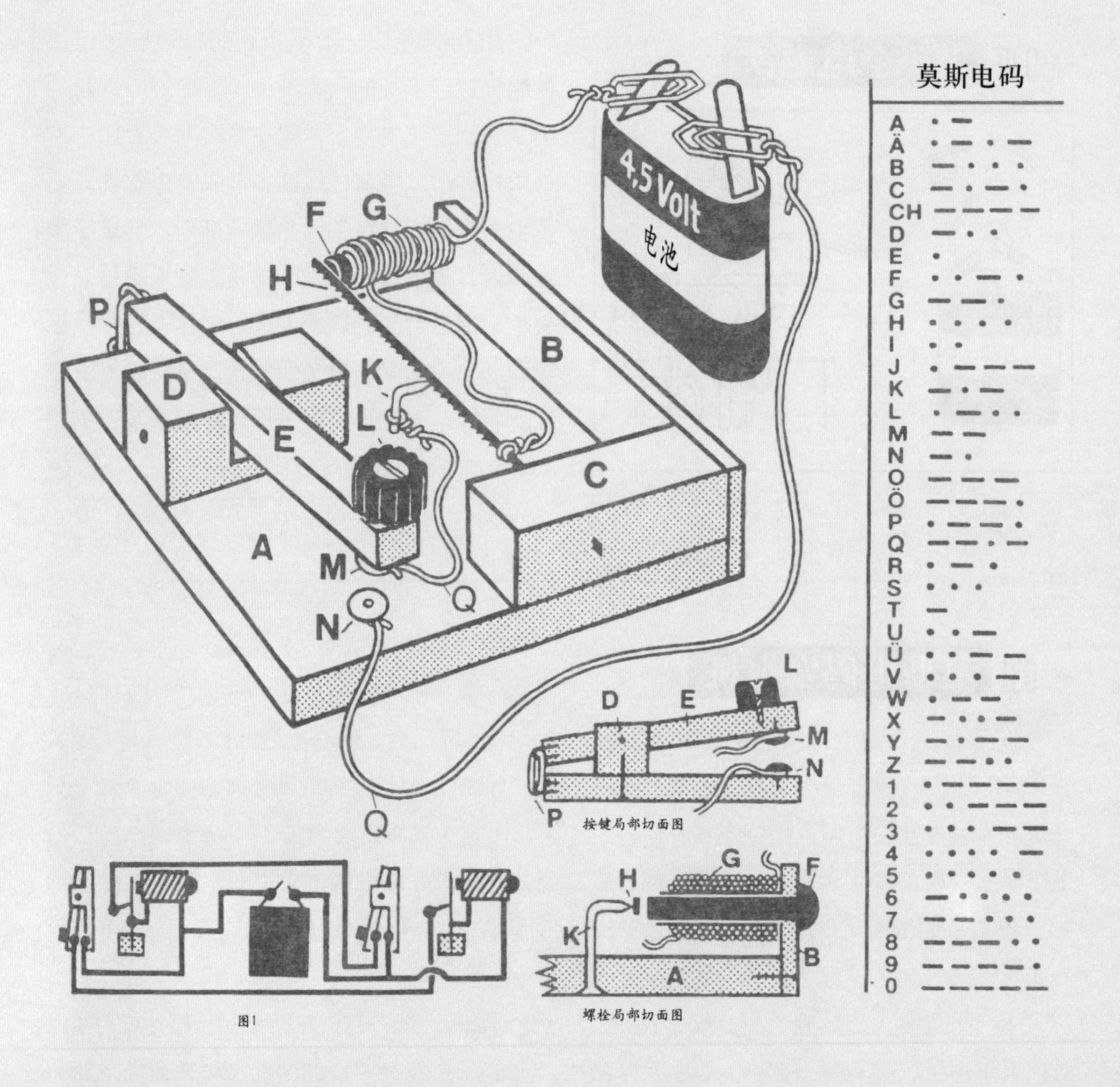

4,5 Volt
电池
A
B
C
D
E
F
G
H
K
L
M
N
P
Q
按键局部切面图
螺栓局部切面图
莫斯电码
A ·—
Ä ·—·—
B —···
C —·—·
CH ————
D —··
E ·
F ··—·
G ——·
H ····
I ··
J ·———
K —·—
L ·—··
M ——
N —·
O ———
Ö ———·
P ·——·
Q ——·—
R ·—·
S ···
T —
U ··—
Ü ··——
V ···—
W ·——
X —··—
Y —·——
Z ——··
1 ·————
2 ··———
3 ···——
4 ····—
5 ·····
6 —····
7 ——···
8 ———··
9 ————·
0 —————

图1

NO.032 石墨导体

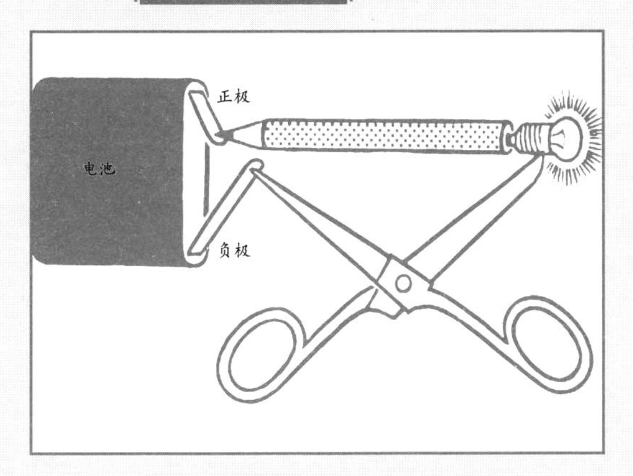

用一把剪刀和一支铅笔作为触点，把手电筒灯泡连接在一块电池上，灯泡就会发亮。

电流从电池上的负极（舌片长的一端）通过金属剪刀流向小灯泡。最微小的电流颗粒，即电子，通过灯丝，使其炽热，然后通过铅笔里的石墨笔芯流向电池的正极（舌片短的一端）。石墨是一种优良的导体，甚至在白纸上的铅笔字迹，也能产生电流。

NO.033 迷你麦克风

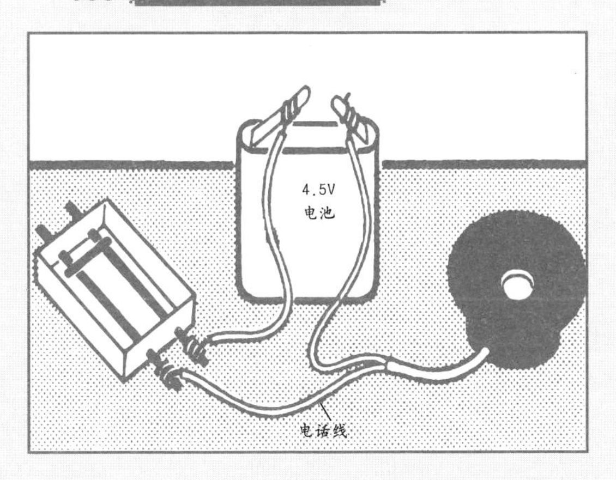

用两根铅笔芯靠近盒底两壁穿过一只火柴盒。在两根笔芯上横放一根短笔芯。保证这三根笔芯表面刮光滑。这样就做成了一个迷你麦克风。把这个麦克风用电话线、电池和旁边房间里的耳机连接起来（你也可以使用半导体收音机上的耳机）。平拿火柴盒向其中讲话，别人在旁边房间的耳机里就可以清楚地听到你的声音。

电流进入石墨笔芯。当你朝火柴盒说话的时候，火柴盒底就会震动。这样就改变了笔芯间的压力，电流变得不均匀。电流的不稳定造成了耳机中声音的震动。

No.034 磁误导

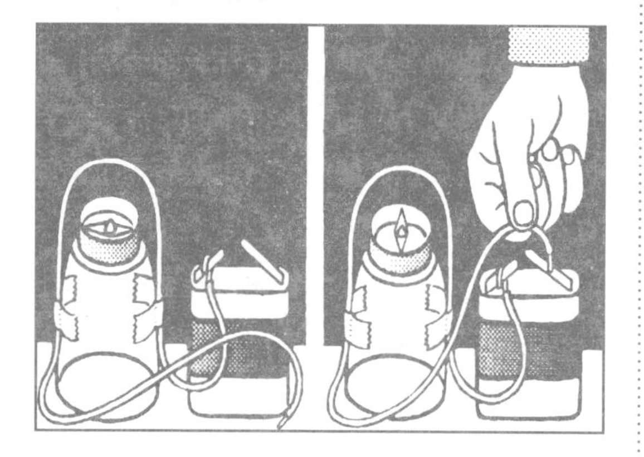

用胶条把细导线固定在倒置的玻璃杯上方，使其成为弧形状，弧形导线下放一只指南针。转动玻璃杯，让指南针的指针正好和导线平行。把导线两端连接在电池上，指南针的指针立即变成了同导线垂直的状态。

电流通过导线周围会产生磁力线。在弧形线的一侧产生磁性北极，另一侧为南极。改变电流方向，两极即改变位置。指南针的磁性指针将与磁场线方向一致。

No.035 自行车上的电路

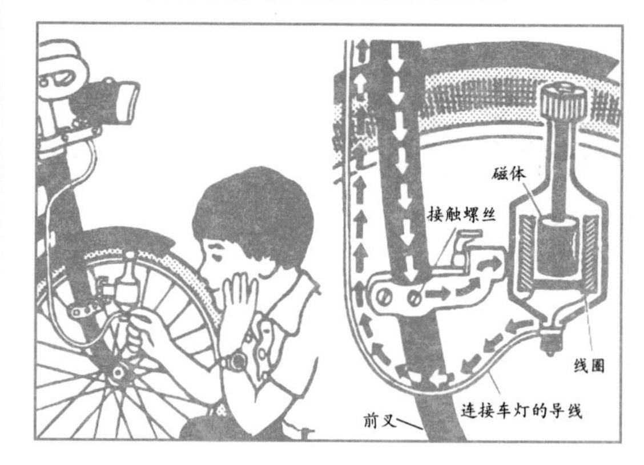

有一个男孩，他很好奇为什么他的自行车的摩电器上只有一根电线连着车灯；照理说，应该有两根导线才能形成完整的电路。

自行车运行时，发电的摩电器的内部，有一个永磁体在一个铜线圈中旋转。这样，线圈内的磁力就产生了一种电压。电流随之通过导线到达车灯，先是通过灯泡的灯丝，然后是通过灯的外壳、自行车的前叉和摩电器的外壳又回到了线圈。这其中最重要的是摩电器上那个小小的接触螺丝：是它穿过了绝缘的漆层进入前叉的金属，从而接通了电路。

NO.036 带电的气球

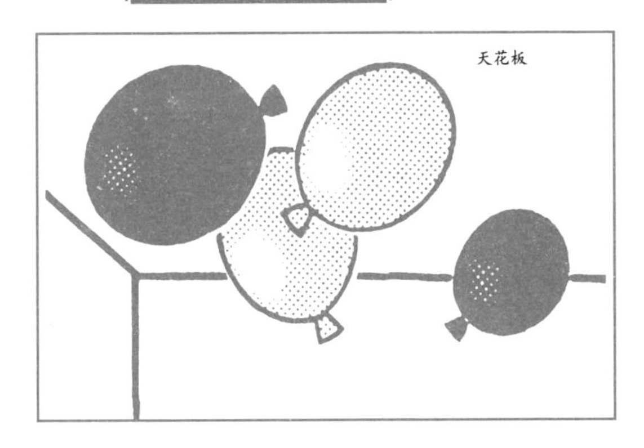

把气球吹起来，打结封住开口处，然后把它在你的毛衣上摩擦片刻。这时候如果你把它们送上天花板，它们就可以在上面停留好几个小时。

通过摩擦，气球带上了静电，也就是说，它接受了毛衣上微小的负电子。带电的气球贴在天花板上，是因为它的负极和天花板的正极相互吸引。电子在天花板上运动，直至正负取得平衡。由于天花板不是好的导体，在干燥和温暖的室内温度下，气球可以持续贴在上面几个小时，才会飘落下来。

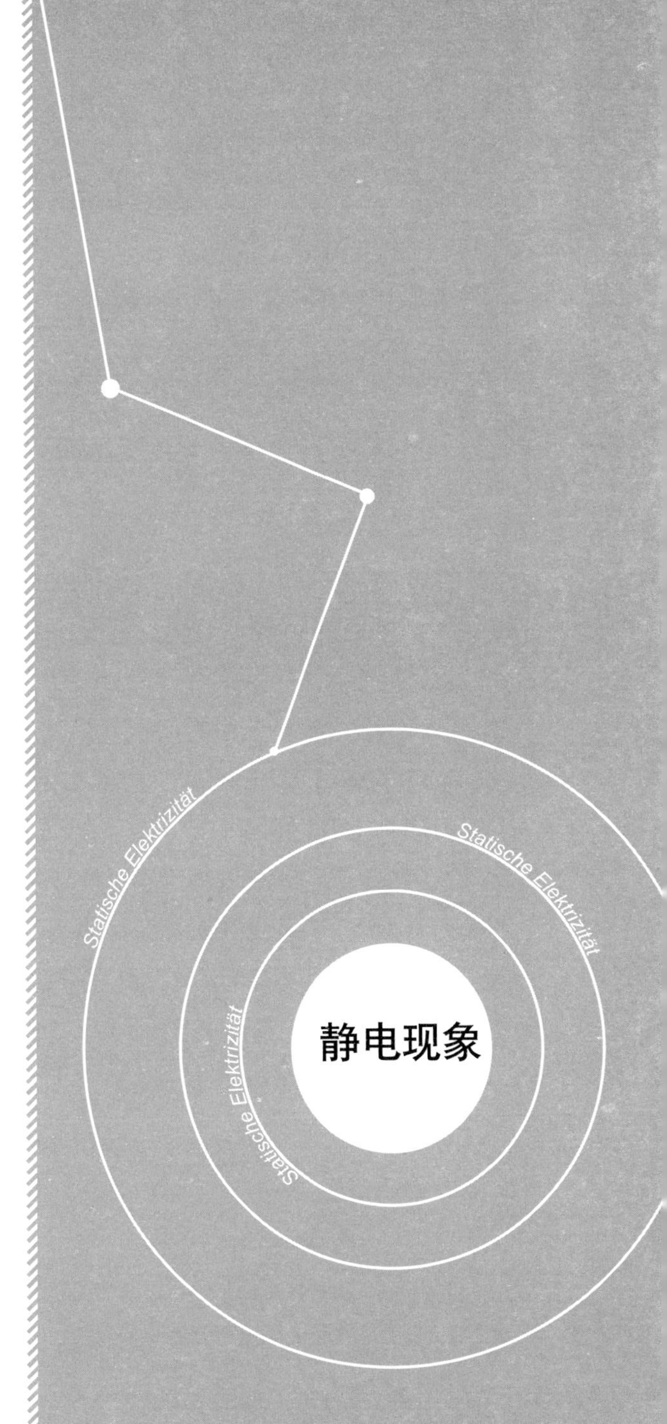

No.037 相吸和相斥

吹起两只气球，使劲在你的毛衣上摩擦。然后用手牵着线绳让它们下垂，它们会相互排斥而分开。

通过摩擦，两只气球都带上了毛衣上的电子，均呈负极。由于同性相斥，所以两只气球会相互分开。但毛衣由于刚才被取走了电子，故变成了带电的正极。正极和负极是相吸的，所以这时候两只气球可以贴在你的毛衣上。

No.038 会喷射的大米爆米花

用干布摩擦，让一把塑料小调羹带电，悬在一盘大米爆米花的上方。爆米花立即会跳起来，粘到调羹上。然后又突然向四面八方喷射出去。

爆米花被带电的小调羹吸了过去，粘在上面片刻。这时调羹上的部分电子转向爆米花，直到所有爆米花都带上了和调羹同极的电子。由于同性的电子是相斥的，所以才出现了爆米花的喷射现象。

NO.039 自来水会拐弯

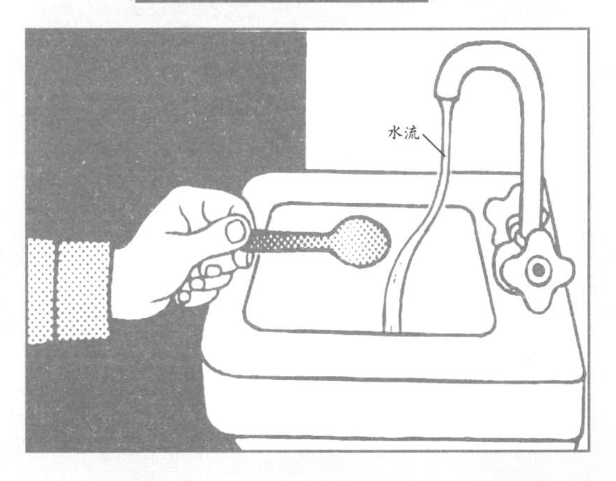

用一块毛料干抹布摩擦，让一把塑料调羹带电。把水龙头打开少许，将调羹靠近细细的水流。你看——水流拐弯了，向着调羹靠近。

带电的调羹对不带电的水流产生了吸引力。但是一旦调羹碰上了水流，这个魔术立即就会失效。因为水是导体，它会立即把电子从调羹上导走。即使飘浮在空气中的水气也能够带电，所以这个静电试验最好在寒冷的晴朗天气里和暖气良好的室内进行。

NO.040 胡椒粉和盐如何分离

把少许粗粒盐撒在桌子上，和胡椒粉混合堆在一起。用哪种最简单的方法可以把它们分离开呢？用毛料抹布摩擦一把小塑料调羹，然后去接近那个小作料堆。胡椒粉立即会跳起来粘在调羹上。

通过摩擦，调羹带上了电，对不带电的颗粒具有吸力。由于胡椒粉比盐的重量轻，所以胡椒粉先跳起来被吸向调羹。如果想把盐也吸起来，必须把调羹放低一些才行。

NO.041 电蛇

用绵纸剪一条10×10厘米的螺旋形的纸蛇，放在一个铁皮盖上，把蛇头拉上一些。用毛料布使劲摩擦一只钢笔，然后把钢笔放在纸蛇头的上方。纸蛇就会像一条活爬虫那样直起身来，不断向上冲撞。

这个试验中，钢笔通过毛料布的摩擦带上了电，吸引着不带电的纸蛇。纸蛇在与钢笔的每次接触中，都会带上一部分电，但这些电会立即被导体铁皮盖导掉。然后，不带电的纸蛇会重新被吸引，直到钢笔失去所有的静电为止。

NO.042 电跳蚤

用毛料布摩擦不用的旧唱片片刻，把它放在一只玻璃容器上。用铝箔捻成豌豆大小的小球，扔在唱片上。一场有趣的静电游戏开始了：小球开始跳着曲线相互分开。如果把它们拢在一起，它们先是相吸，但一会儿立即相互跳开。

通过摩擦，唱片上带的静电并不均匀。各个铝箔球吸电又放电，但又被唱片上带电不同的部位重新吸引。具有同样电极的小球相遇，它们就会相斥而分开。

NO.043 简易测电器

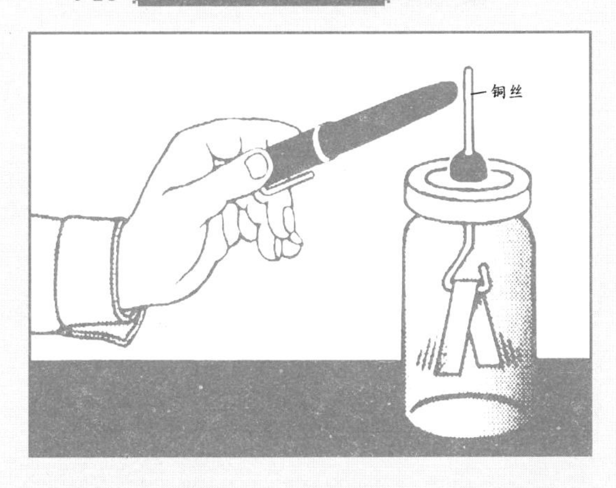

把果酱瓶盖钻一个洞，插入一根钩状铜丝，用火漆使其和瓶盖绝缘。在钩上挂一条折叠的铝箔。然后拿一支经过摩擦带电的钢笔或者梳子接触铜丝，铝箔两端立刻分开。

通过与带电体的接触，电子沿铜丝传至铝箔条的两端。两端均为同样的电极，故相斥分开，分开程度与电流的强弱相当。

NO.044 电球游戏

用铝箔做成一个踢足球的小人儿，把它固定在一张旧唱片的边缘。用一块毛料布使劲摩擦唱片，然后放置在一只干燥的玻璃杯上。距离小人儿大约5厘米处，放置一个铁盒。取一个用铝箔做的小球拴在一根线上，置于小人儿和铁盒之间，小球就会被小人儿多次踢向铁盒，并反弹回来。

带电的唱片把电流输给铝箔小人儿，把小球吸引过来。带上电后由于属于同性，立即加以排斥，小球冲向铁盒，而球体上的电流立即会被铁盒导掉。这个过程会以极快的速度反复。

NO.045 没有危险的高压电

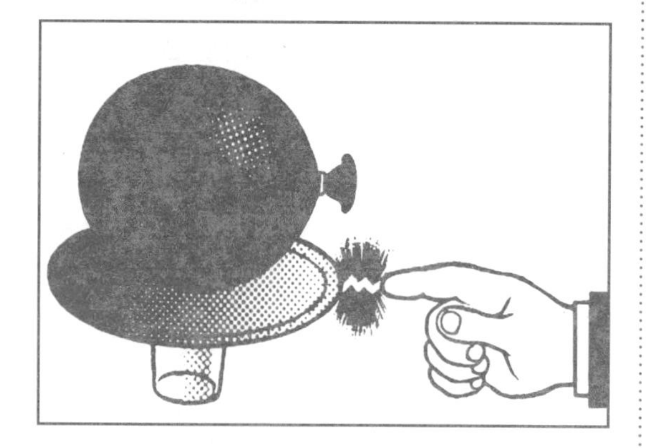

把一张圆盘形铁皮板放置在一只干燥的玻璃杯上。用毛料布使劲摩擦一只吹起的气球，放在铁板上。用手指去接近铁板边缘，就会冒出微小的火花来。

金属和手指之间产生电压平衡。尽管电火花具有数千伏高压，但却没有危险，就像梳头时会产生的火花一样。一名美国科学家发现，在一只猫的身上要抚摩92亿次，才能产生让一只75瓦的灯泡亮一分钟的电流。

NO.046 小闪电

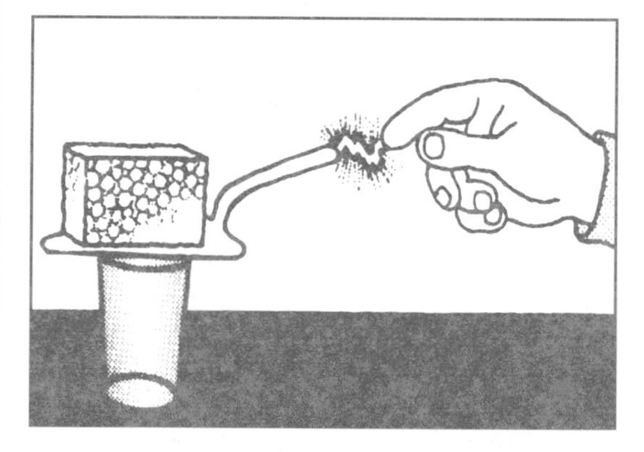

在一只干燥的玻璃杯上放置一把金属蛋糕铲，上面放一块事先经过摩擦而带电的泡沫塑料，用手去接近蛋糕铲的手柄，就会产生小小的闪电火花。

通过用毛料布摩擦，泡沫塑料带上了负极电子。同样的电极相互排斥，金属蛋糕铲上原有的电流全部集中到手柄尖端。在那里出现向手指放电现象。闪电的电压高达数千伏，但由于电流量极小所以没有任何危险。

▸▸NO.047 地球的磁力

取一根熟铁棒，倾斜向下对着北方，然后用锤子敲打数次。这样做，铁棒会带上少许磁性。

地球被磁力线所包围。在德国它们交叉在地球65度角处。在地球的磁力线作用下，铁棒中的磁粒子在震动时指向北方。这也是铁质工具为什么会自动磁化的原因。而如果你把铁棒朝着东西方向进行敲打，上面的磁性就会消失。

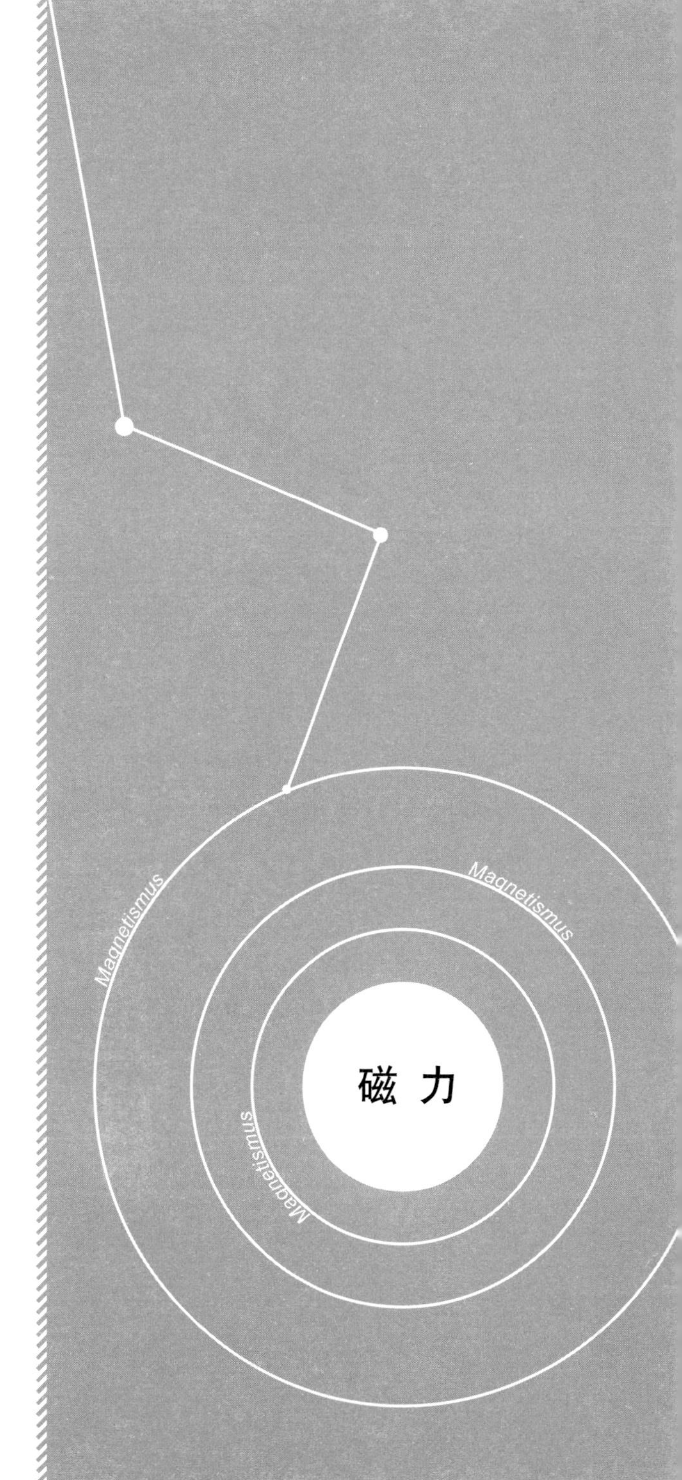

No.048 磁力测试

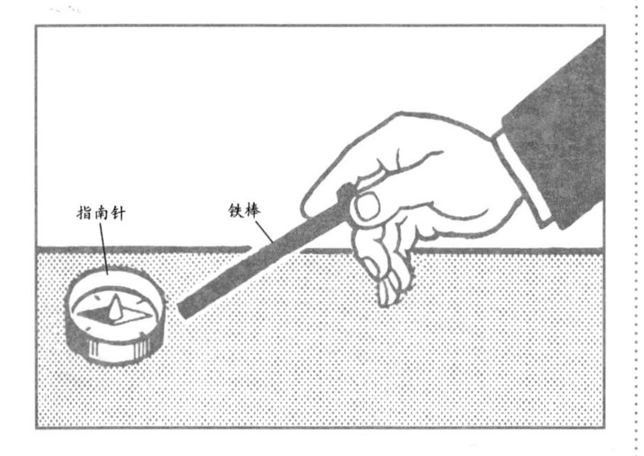

很多钢铁制品都是带磁的，我们不一定知道。但只要用一只指南针，即使是最微弱的磁性，我们也可以测试出来。

如果一根铁棒带磁，它就和指南针的指针一样，会有南北两极。用铁棒靠近指南针，由于同极相斥，异极相吸，因此指针的一端就会被铁棒尖端所吸引，而另一端被排斥。如果铁棒无磁性，那么指针的两端会保持不动。

No.049 会动的铅笔

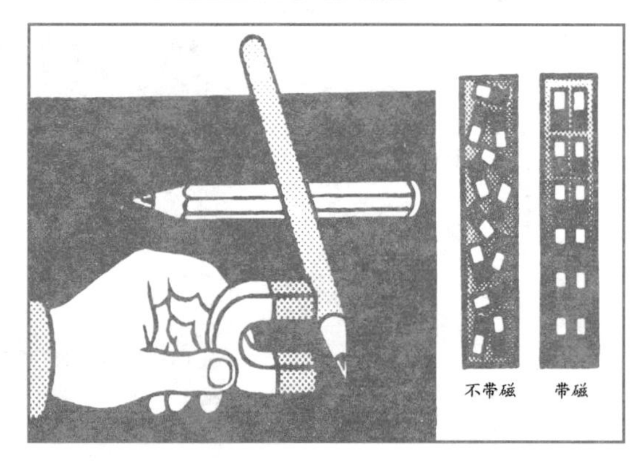

把一支带棱的铅笔放置在桌子上，然后在它的上面再放一支圆杆铅笔，使其在上面保持平衡。用一块强磁铁小心接近铅笔尖，铅笔就会转向磁铁。

铅笔中的石墨确实被磁铁所吸引。吸引力虽然弱于铁器，但原理是一样的：石墨中的微小的原始磁颗粒，本来排列混乱，通过强磁铁的磁场使其有序排列，于是出现了南北两极——铅笔也就随之被吸引了。

NO.050 磁力线图像

取一张图画纸，平放在一块磁铁之上，纸上撒满锉铁物时落下的铁屑。轻轻敲打图画纸，上面就会出现一幅磁力线图像。

你会发现，铁屑有序地排列成弧状线条，显示出磁力作用的方向。你还可以把这幅磁力线图保留下来。首先把图画纸浸入蜡烛溶液中，让它冷却，然后把铁屑撒在上面。等磁力线图形成以后，可拿一只烧热的熨斗，接近画面，图像就能固定下来。

NO.051 做一个水罗盘

用一块永磁铁磁化一枚4厘米长的细铁针，做法是用磁铁两极分别摩擦铁针的上下两个部分。然后剪一块泡沫塑料圆盘，把针横插进去，再让这块泡沫塑料浮在水上。

在水中，罗盘会始终朝向南北方向。这是因为铁针会与包围地球两极的磁力线始终保持平行。如果用不干胶标签在泡沫上画一个方向标志，这个罗盘就做完善了。你只需要把它摆放在水中，就能分辨方向了。

NO.052 磁鸭子

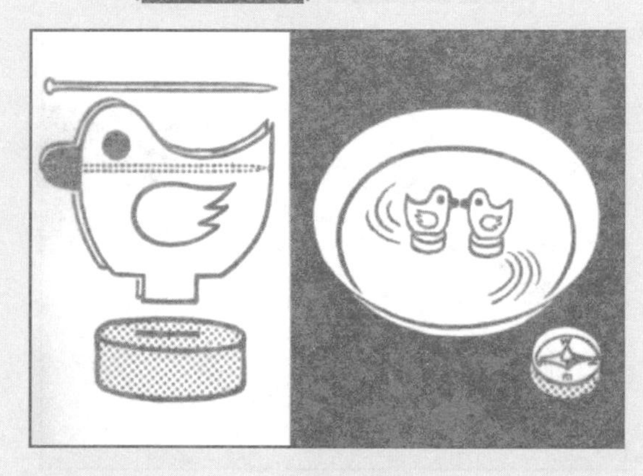

剪两只纸鸭子，每只鸭子都插上一枚磁化的大头针。把纸鸭子插到软木盘上，放入装满水的盘子里。开始时它们做着弧形运动，然后嘴部或头部就会相互贴近，转向东西方向。

两只鸭子是沿着磁场路线在相互接近。它们的运动来自各种力量的影响：相反磁极的吸引，相同磁极的排斥，以及地磁场的作用。最有趣的，是鸭子嘴部的磁力会相互吸引。

NO.053 向极性

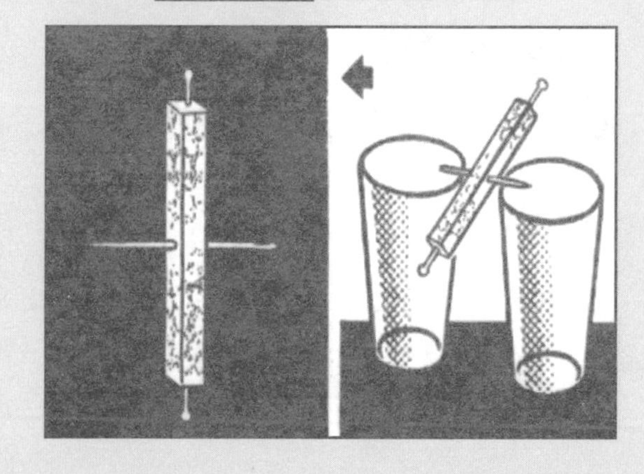

磁化两枚钢质大头针，让它们针尖相吸。分别插入一块铅笔粗细约10厘米长的泡沫塑料的两端。然后用一根缝衣针搭在两只玻璃杯上，使其完全保持平衡。而当我们把这个简易罗盘放置在南北方向时，它就会朝着北方的地面向下倾斜。

这是因为罗盘和地球磁场的磁力线会保持平行。而磁力线和地表平面是有角度偏离的，我们称为“倾角”。这就是罗盘会倾斜的原因。而在地球的两极附近，罗盘与地表会呈现垂直状态，这时候的倾角是90度。

NO.054 潜水钟罩

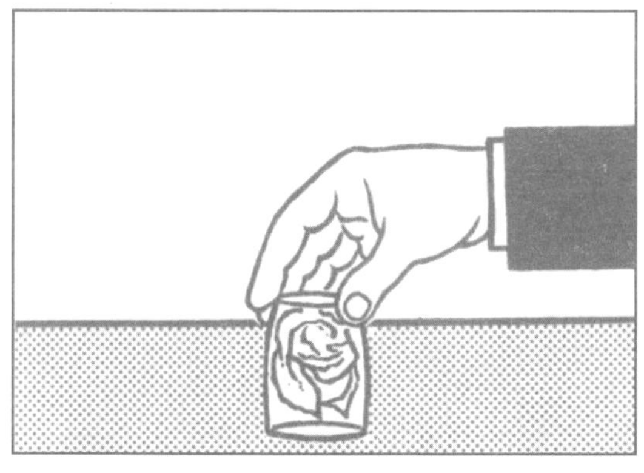

你可以把一块手帕放在水里，但它却不会湿。办法是把一块手帕紧紧塞在一只玻璃杯底部，然后把杯子倒过来朝下放入水中。

空气虽然是无形的，但它却是由细小的颗粒组成。因为倒过来的杯子里仍然有空气，所以它会阻挡水进入杯中。然而，如果杯子入水更深，你就可以发现，还是有一些水进入杯子。因为逐渐增高的水压压缩了杯子里的空气。供水下作业的潜水钟罩和沉箱，都是依据这个原理起作用的。

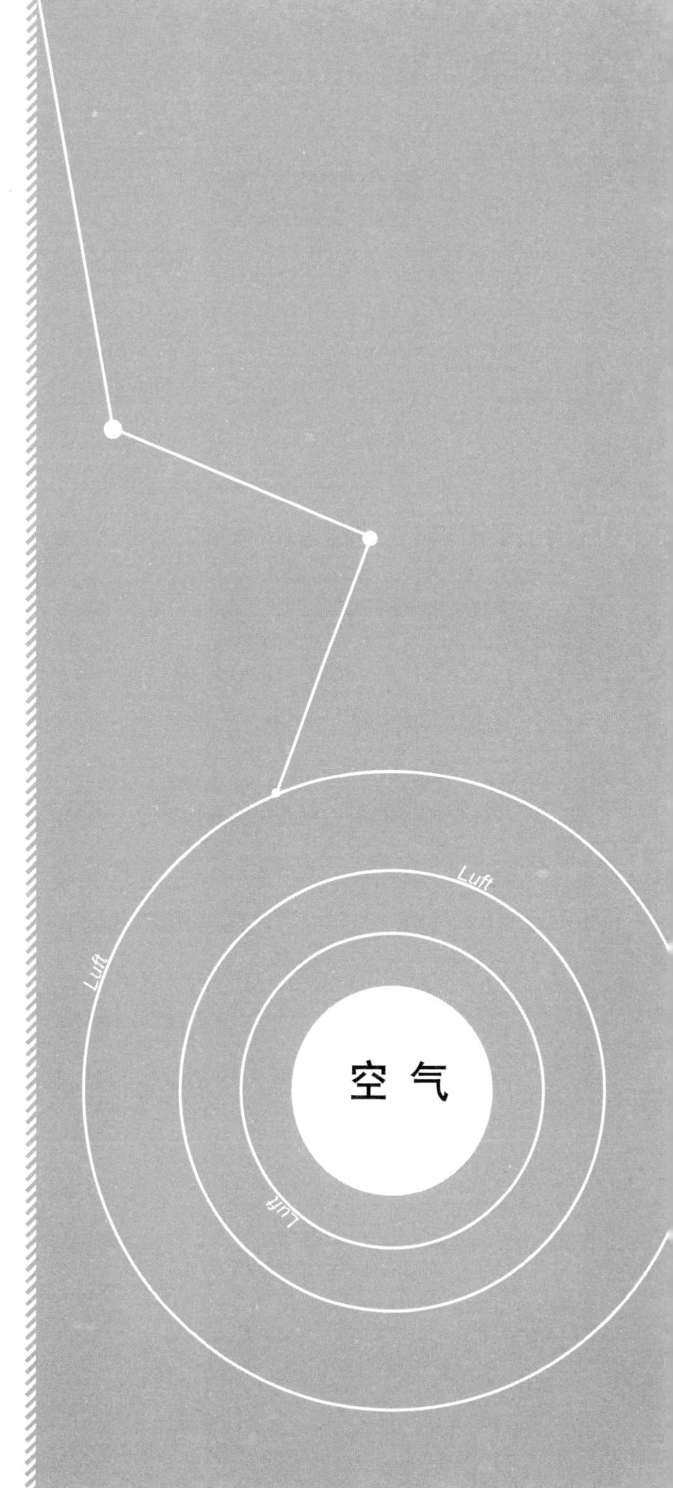

NO.055 封锁空气

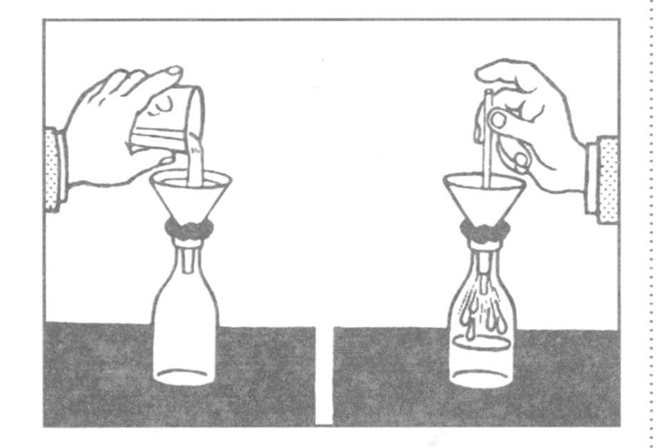

把一只大小合适的漏斗插入瓶口，周围用橡皮泥密封。向漏斗里倒入水，但水却进不了瓶中。

这是因为瓶中保留的空气阻挡了水的进入。另一方面，漏斗开口处里面的水分子的表面张力，也阻止了瓶中空气的流出。而如果这时候你用手指按住一根吸管的一端，把另一端插入漏斗，那么你只要一抬起手指，水立即就会进入瓶中。因为空气已经通过吸管外溢出来了。

NO.056 报纸上的空气压力

把一块雪茄烟盒的盒盖板横向放在平滑的台面边上，一半在台面上，一半在台面之外。把一张完整的报纸覆盖在上面，展平并压实在烟盒盖和台面上。用拳头猛击伸出台面的盒盖板。盒盖随即折断，而报纸却纹丝不动。

打击下，盒盖板上只是留下细微的斜茬。盒盖板、报纸和台面之间形成的空间里，空气无法很快流通，因此形成低压，而上面正常的大气压，却像一个螺旋夹钳一样固定住盒盖板。

NO.057 拐弯的风

在刮风天气里，你如果站在广告柱后面，就会发现，这个圆柱是不能挡风的——你在那儿划着一根火柴，它会马上被吹灭。你在家里可以做一个小试验来证明：在燃烧的蜡烛前面放一只葡萄酒瓶，你对着瓶子使劲吹一口气，蜡烛火焰就会立即熄灭。

气流到达酒瓶时，将分流而过，贴着圆柱形瓶体划过，然后在瓶后以几乎毫不减弱的劲力重新聚集在一起。于是产生了一股旋风，冲向火焰。如果在蜡烛前面摆放两只酒瓶，你当然就得用更大的力气，才能把蜡烛吹灭。

NO.058 贝努利定律

把一张半卷着的明信片摆放在桌子上。你肯定会以为，如果使劲吹一下它的下面，明信片很容易就翻转过去。那你就试试吧！不管你费多大力气，明信片不但不抬起来，反而会更加牢固地抓住台面。

吹出的气使明信片下面产生低压，而外面正常的大气压却在上面压着明信片。18世纪的瑞士科学家丹尼尔·贝努利发现，气体的压力随着速度的加快而减弱。他的这个发现，对于今天的汽车设计有很重要的实际意义。

NO.059 被俘虏的乒乓球

把一只乒乓球放在厨房用的漏斗里，把大口斜向上方，使劲吹漏斗嘴。真是难以置信，没有人能够把乒乓球吹出漏斗以外去。

气流并不像我们以为的那样直接冲向乒乓球，而是形成分流从球和漏斗壁接触的侧旁挤过去。由于这里吹出的气流速度很快，所以其中的压力减弱，而从外面进来的正常大气压又把球紧压在漏斗里面。

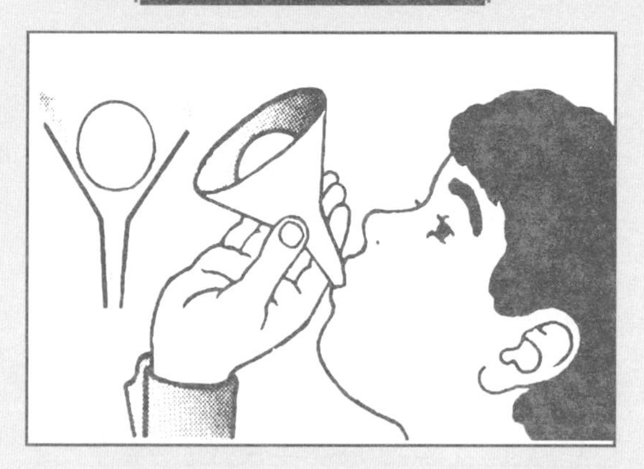

NO.060 空气的张力

取两只瓷鸡蛋杯，列成一排，在前面一个杯里放一枚鸡蛋。深深吸一口气，垂直对着有鸡蛋的杯子边缘使劲吹气。鸡蛋会跳起来，一下子翻身跌到后边的杯子里。

由于鸡蛋表面大多是粗糙的，而且瓷杯口也不是标准的圆形，它们之间总会留有空隙，所以气流可以通过这个空隙进入鸡蛋底下的空间。气流将在那里压缩，如果其张力足够的话，那么鸡蛋就会像气垫船一样飘浮起来。

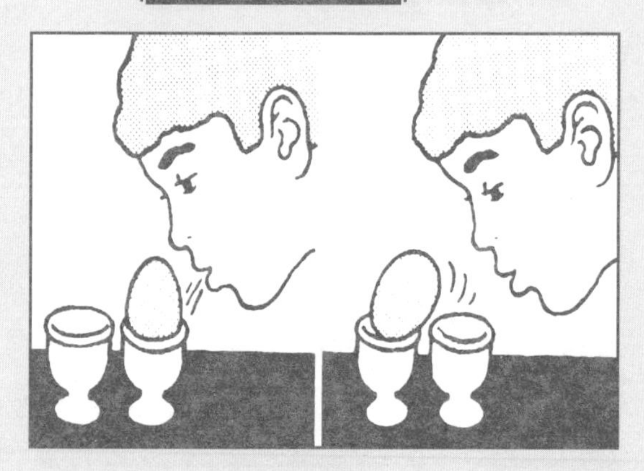

NO.061 瓶式晴雨计

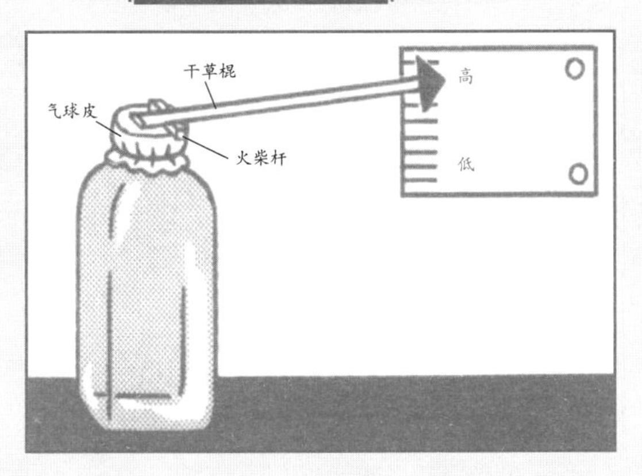

在一只大口汽水瓶的口上绷一块气球皮，上面贴一根干草棍，草棍下面别一根火柴杆，草棍另一端贴上一个小箭头，这样，一个简易晴雨计就做完了。把它放置在一个常温的阴凉墙壁旁，然后在墙壁上固定一个刻度盘。随着每日气压的变化，草棍一端就会相应地上下移动。天气晴朗时气压较高，外部气压就会压迫气球皮向瓶里凹去，指针则向上抬高。气压下降时，对气球皮的压迫减弱，指针则下滑。这和在一个真空罐中的薄膜通过杠杆和齿轮向一根指针传递运动的晴雨表是相似的。

NO.062 降落试验

把一张小纸片放在一枚硬币上，然后让它们平行下降。出乎我们意料的是，硬币和纸片会同时落地。这是因为纸片在硬币的保护下没有遇到空气的阻力。

如果你让硬币和纸片分开降落，则较轻的纸片在遇到空气的阻力后，下降的速度就会比硬币慢很多。著名的意大利科学家伽利略，曾在大约400年前得出结论：只要没有空气阻力，不同重量的物品将以同样的速度下降。

NO.063 反射的小纸球

用手横拿一只空瓶子，捻一个小纸球放在瓶口处。尝试把小纸球吹进瓶中去。你会很奇怪，小纸球非但不进入瓶里，反而会朝你的脸喷射回来。

通过吹气，瓶中气压增高，同时在瓶口却产生了低气压。在气压取得平衡过程中，纸球就会像气枪子弹一样反射出来。

NO.064 硬币作为活塞

从冰箱里取出一只空葡萄酒酒瓶，用水沾湿瓶口。然后在上面放一枚硬币。这时候用双手握住瓶身，硬币就会在瓶口开始一开一合。

原来，瓶中的冷空气通过双手紧握而升温，开始膨胀，但它不会立即外泻，因为瓶口和硬币之间的水制止了它的外流。只有当瓶中的温度不断升高，使气压产生足够力量时，硬币才会变成了一个活塞，反复打开，让瓶中的少许空气外泄出去。

No.065 不怕风暴的硬币

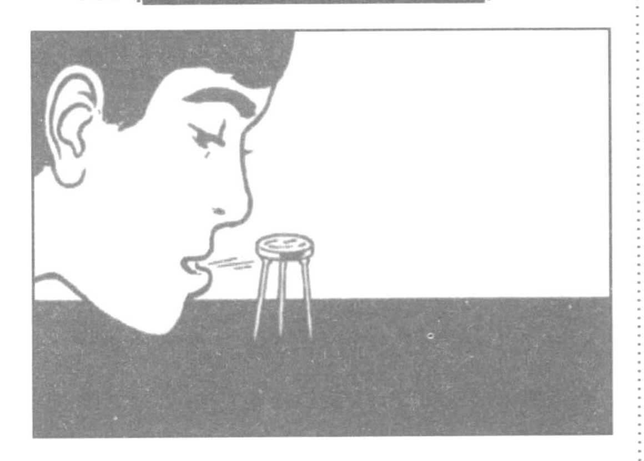

把三枚大头针摆成三角形状，插在一个木制的平台中央，然后把一枚硬币放在大头针头上面。如果不知道这个试验的奥秘，就没有人能够把硬币从这个“三条腿”上吹下来。

当气流吹向硬币的表面和光滑的边缘时，它只能从硬币下面的缝隙中通过，因而减弱了气压，而上面的正常大气压却更结实地把硬币压在大头针头上。但如果你把下颚放在台面上，伸出下嘴唇向前吹去，气流将恰好直接吹到硬币下面而把它吹下来。

No.066 火柴升降机

并排摆在桌子上的若干根火柴，可以通过你的呼吸来搬运到火柴盒中。怎样做呢?

用嘴唇夹住火柴盒套，贴在摆放整齐的一排火柴上，然后深吸一口气！火柴会被吸附在盒套上，就像是粘上了一样，任凭你提起和运走。

通过吸气，盒套中的空气变得稀薄，产生了低气压。而外面的正常大气压却把一排火柴压迫在盒套底部的开口处。如果你猛地吸一口气，你甚至能将单独一根火柴吸起来。

NO.067 风动火箭

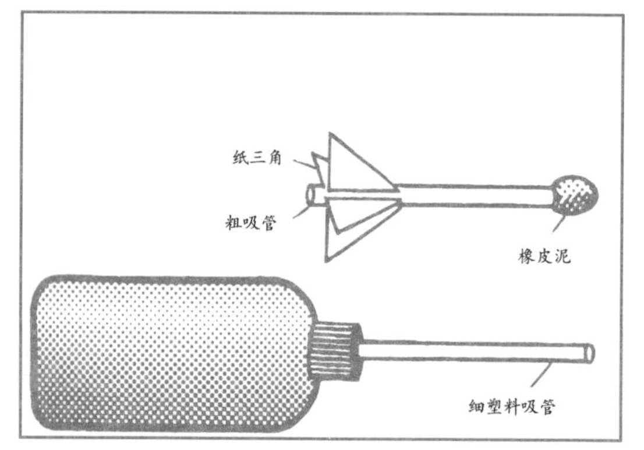

在一只软塑料瓶的瓶盖上穿一个孔，插进一支较细的塑料吸管，把接口处用胶条密封起来。用一支可以轻易套在细吸管外面的较粗的吸管，做成一枚10厘米长的火箭。用纸三角贴上一个平衡器，箭头用橡皮泥捏成。把细塑料吸管插入粗吸管中，让管口末梢插在橡皮泥里。使劲挤一下塑料瓶，火箭就可以飞出10米以外。

瓶中被压缩的空气，通过小吸管压向橡皮泥，并充满了火箭筒。火箭在压力下脱离瓶管，火箭筒中的压缩空气立即膨胀，向后喷射，形成反作用力，推动火箭向前飞行。

NO.068 风中的陀螺

在海边，孩子们发现了一个新游戏：刮大风时，让一个塑料桶盖在沙滩上滚起来，它立即就像是被风抓住一样，有时可以向前滚动数千米。

这时候的桶盖就像是一枚陀螺，在转动中寻求平衡。速度一减慢，重力倾向就会增强，然后就会倾斜，继续滚出一个螺旋形路线。位置越是倾斜，转动的圈子就越小，而桶盖的宽面就会被风抓住，风对斜面的压力就会增强：结果是桶盖重新直立，继续向前滚去，直到碰上了障碍物才能停下来。

NO.069 瓶式温度计

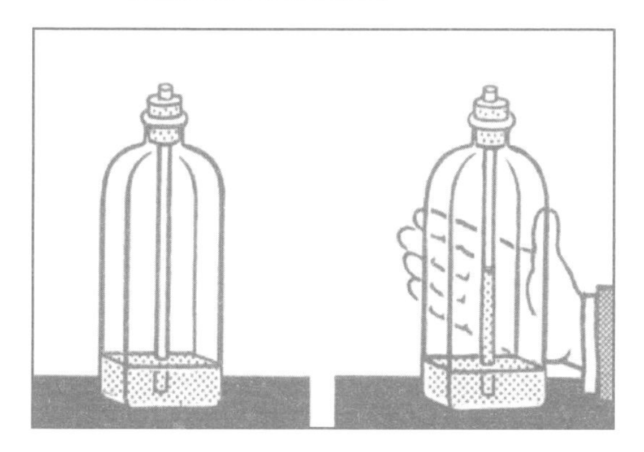

把有颜色的水倒入一只四角形瓶子里，然后用软木塞塞紧瓶口。软木塞上穿一个孔，插入一根吸管，一直插到瓶中的液体里。然后用胶条密封瓶口。这时候，当你用手握住瓶子，吸管中的水就会上升。

被关在瓶中的空气，随着温度上升而膨胀，它的分子开始剧烈和快速碰撞，从而压迫水平面，使水进入吸管中，于是吸管中的水平面就能显示出温度的差异。你可以参照真正的温度计，在瓶子上标出刻度。这个瓶式温度计就可以向你显示不同的温度了。

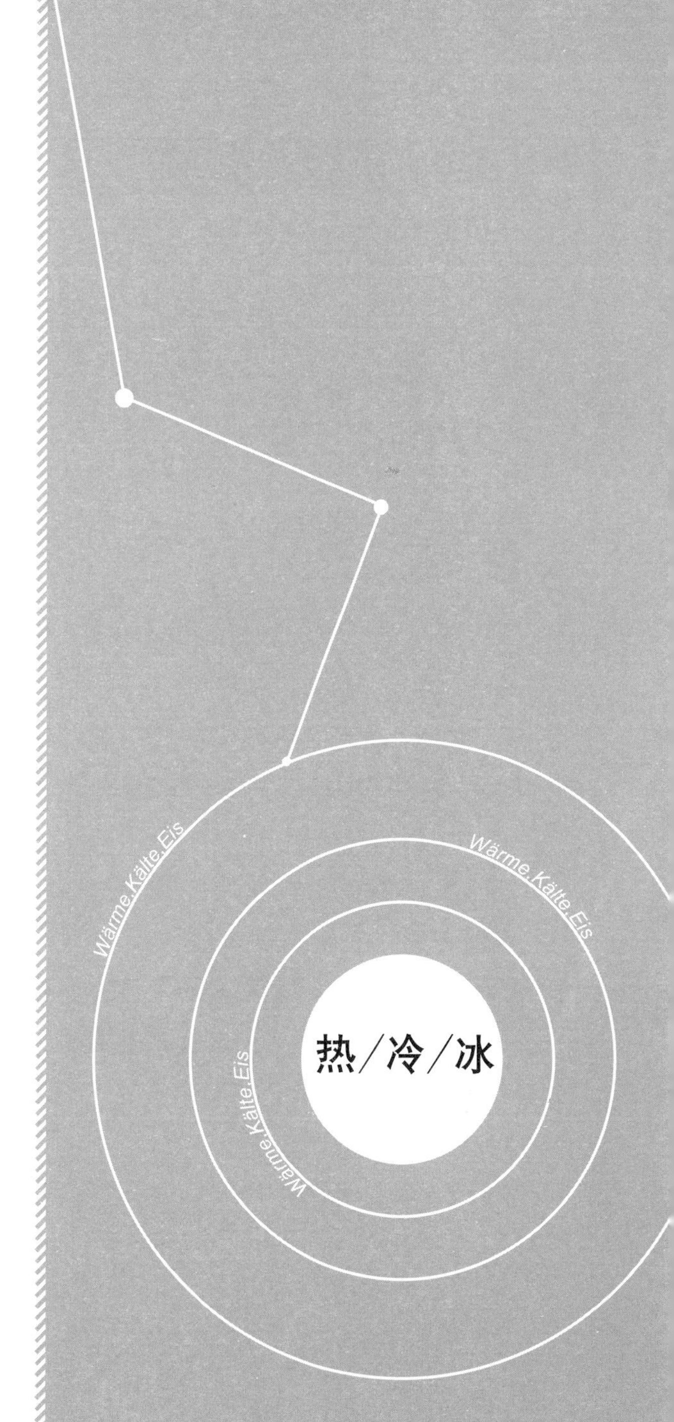

NO.070 连在一起的玻璃杯

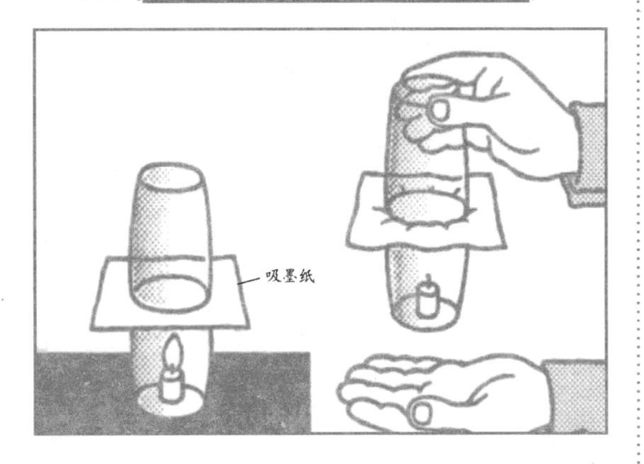

在一只空水杯中点燃一个蜡烛头，然后在杯口覆盖一张蘸了水的吸墨纸，再把另一只同样大小的玻璃杯倒扣在上面。几秒钟之后，杯中的蜡烛熄灭，但当你拿起杯时，却发现两只杯子已经连在了一起。

由于吸墨纸是透气的，所以蜡烛一直燃烧到两只杯中的氧气消耗完。其中一部分燃烧并膨胀的气体外溢出去了。火焰熄灭以后，杯中的气体迅速冷却并萎缩。于是在两只杯子中产生了低气压。外面正常的大气压就把它们压迫在一起。

NO.071 风力探测仪

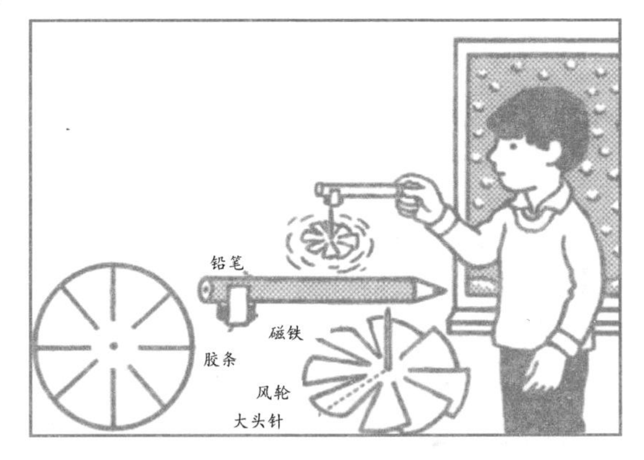

用圆规在一张厚图画纸上画一个直径8厘米的圆盘，剪下来，在圆盘上均匀剪8个3厘米长的开口，然后把圆盘折成风车状。用一枚大头针把这个小风轮悬挂在一个纽扣形的磁铁上，这样你就可以看出室内空气流动的状况了。通过它的旋转不仅可以看到暖气上方的热气上升，而且还可以通过它的倒转感觉到冷空气的运动，比如在隔温较差的外墙附近。风轮旋转越快，说明气流越强。由于它是悬挂在一个敏感的磁铁上，所以任何一点微弱的空气流动都能测出来。

NO.072 水中的硬币

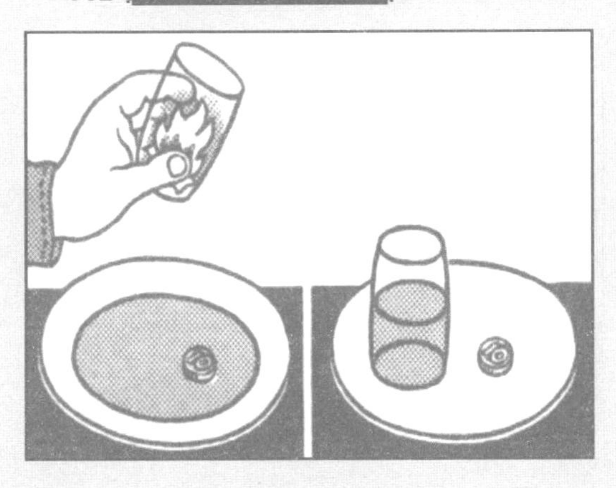

把少许水倒入盘中，放入一枚硬币。怎么才能把硬币取出来，而手既不许接触水，又不许把水倒出来呢？

办法是：把一张纸片点燃，放入玻璃杯中，然后快速把杯子倒扣在盘子里（硬币旁边）。这时，玻璃杯中的水开始上升，最后全部进入杯中，露出了硬币。

纸片燃烧时，部分被加热而膨胀的空气从杯中溢出。杯子倒放后，因缺氧使火焰熄灭，杯中的气体冷却，因而压力下降；为保持气压平衡，外面具有正常大气压的空气想进来，于是把盘子中的水挤进了杯中。

NO.073 墙壁上的风

如果把室内墙上挂的画取下来，壁纸上挂画的地方常常会留有画框的痕迹。这些画框的边印，特别在靠外的墙上格外清晰，这是怎么产生的呢？

这些暗色的痕迹表明，挂画的这面墙壁同室外的隔温不是很好。冬天，从暖气片上升起并在室内流动的热空气，碰到墙壁后会冷却，然后就顺着壁纸向地面运动。如果画框后面的墙壁温度很低，那里就会出现冷凝现象。从墙面掠过的空气，在冷却过程中留下部分湿气。空气中的灰尘也在这种地方一起留下了，于是就形成了这个暗色的画框痕迹。

NO.074 气垫效应

取一个光滑的托盘，斜放在一只竖立的火柴盒上。托盘上涂抹少许稀释的洗涤剂，让一只倒放的玻璃酒杯可以轻易向下推动。怎么才能让杯子从上往下滑动，而既不许碰它，也不许吹它呢？

请拿一根点燃的火柴接近杯子。杯中的空气开始升温并膨胀。杯子被升高的气压抬起，就像气垫车一样，由于它和托盘之间的摩擦力逐渐减小，便会自动向下滑去。

NO.075 喷气船

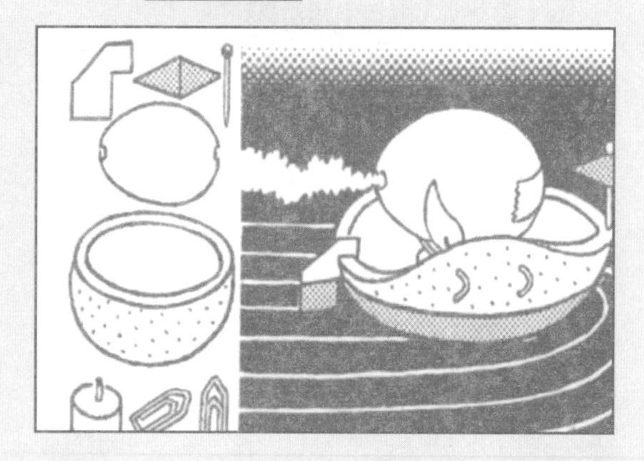

把一只刮干果肉的葡萄柚的外皮放在暖气上烘干，然后把它做成一只小船的模样。穿入两根拉直的曲别针，把一截蜡烛头放在这两根曲别针中间的柚皮底儿上，然后再把一只空鸡蛋壳，摆放在两根铁丝上。蛋壳前端用胶布贴死，里面放少许清水，然后把小船放在浴缸里的水上。你把蜡烛点燃以后，“船中的锅炉”就开锅了。于是，一股蒸汽从里面喷出，由于蒸汽开始膨胀，所以带着很大的压力从蛋壳尾部小孔冲出，推动小船朝相反方向驶去。根据英国物理学家牛顿（1643—1727）的定律，一切运动都会产生反向运动。

NO.076 漂浮的水滴

把一个铁皮盒盖放置在炉火上小心加热。让几滴水落入盖上，这样，你就会经历一个小小的奇迹：圆圆的水滴会飘浮在铁皮盖的上方，就像是微型的气垫船一样来回穿梭。

水滴一接触到热铁皮盖，它们的下部就开始蒸发。由于蒸汽的压力很大，于是就把水滴抬了起来，出现了重力和蒸汽压力之间的争斗游戏。

水蒸汽不是好的热导体，所以飘浮的水滴无法达到沸腾的温度100度，因而也不会立即就蒸发掉。

NO.077 不一样的热导体

在一只玻璃杯中放入三把小调羹：一把钢的，一把银的，一把塑料的，以及一根玻璃搅拌棍儿。在它们的柄部同样的高度上用黄油各粘上一粒干豌豆。现在你开始往杯中倒入热水，豌豆会以什么样的次序掉下来呢?

银调羹上的黄油很快就会融化，首先让豌豆掉下。然后的次序是钢调羹和玻璃调羹，但塑料调羹上的豌豆却岿然不动。这是因为银是最好的热导体，而塑料却几乎不传热。所以我们会发现，生活中用的汤锅和熨斗的把柄都是用塑料制成的。

No.078 能够伸延的金属

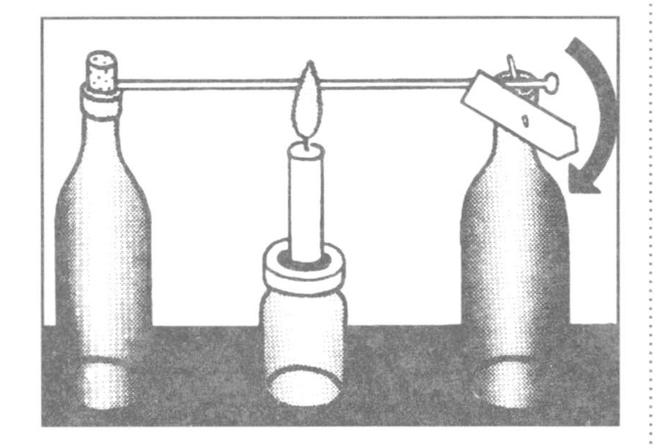

把一根铝制毛衣针插入一只酒瓶的软木塞侧面，让它的另一端搭在另一只酒瓶的口上。把一个纸箭头搭在一根缝衣针上，放在瓶口和毛衣针之间。然后在毛衣针的中间部位放置一根蜡烛。点燃蜡烛，纸箭头就会很快向右旋转。

毛衣针由于加温变热而膨胀伸延，因为铝原子在运动中相互的间距加大。如果用一根同样长的钢针，纸箭头的运动幅度就会小许多，因为钢的热涨幅度只有铝的一半。

No.079 闻一闻硬币的味道

在一只塑料盘子里摆放几枚硬币。请把眼睛闭上，让别人取出其中的一枚，握在手中几秒钟，然后再放回盘子里。你睁开眼睛，可以立即就知道，他拿的是哪一枚硬币！办法很简单，请把各枚硬币分别贴在嘴唇上！金属是优良的热导体，被拿起的硬币会很快吸收手上的热量。由于塑料不导热，所以硬币放回后也不会立刻冷却；由于被拿起的硬币所吸收的热量会保持一定时间，所以比其他的硬币温度高。这种温度的差别，可以被十分敏感的嘴唇感受到。做下次试验时，记得要等所有硬币都冷却了再做。

NO.080 水中的火

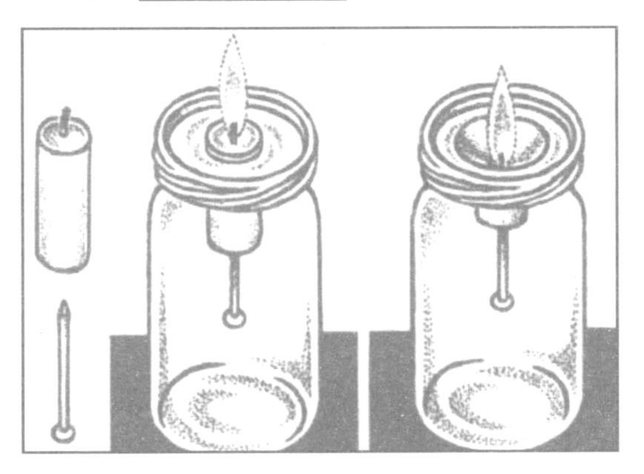

让一截蜡烛头漂浮在装满水的大口玻璃瓶中，事先要用一枚合适的铁钉为其加重，让蜡烛头的上端恰好露出水面。然后点燃蜡烛，看看会发生什么事情。

蜡烛燃烧一段时间后，也就是说，当蜡烛头和铁钉的分量大于被排除的水量时照理应该下沉。但是，蜡烛却仍然漂在水面继续燃烧着，因为在火苗周围形成了一层薄薄的蜡膜壁。蜡在水中达不到熔点，所以不会蒸发和燃烧掉。它形成了一个漏斗，直到最后在水压下破碎。

NO.081 小冰山

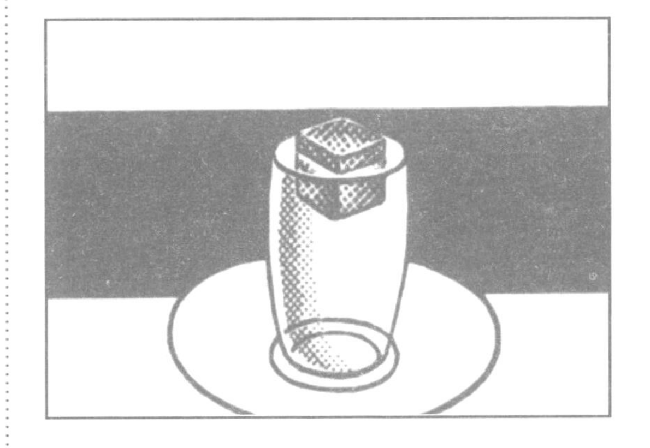

把一个小冰块放入一只玻璃杯中，将杯注满水，直至杯的边缘。冰块浮在上面，其中的一部分露出水面。如果冰块融化，杯中的水岂不要外溢?

不会，因为水结冰时要比原来的体积膨胀出1/11。也就是说，冰块轻于水而漂浮在水中，只有一部分冒出水面。冰块融化时体积回缩，恰好又占据了冰块原来占据水的空间。

漂浮在海面上的冰山，往往会危及到航船的安全。它十分危险，就是因为人们在水面上只能看到它冒出的一角，而不是水中的全部体积。

NO.082 冰的爆发力

每一个严寒的冬天过后，马路上都会出现冻裂现象，即破碎后出现鼓包。这种路面冻裂现象在什么时候最严重呢？是在长时间的严寒期，还是严寒和化冰期反复变化的时候？

水通过柏油路面上的细微裂纹，渗透到路面之下，在那里形成了空隙。寒冷结冰时，水的体积膨胀1/11，结成的冰把柏油路面推向上方。在化冰的天气里，由于冰块融化，在路面已经膨胀的地方就又多出了1/11的空间可以容纳新的水分，等到再次结冰的时候，路面又会再次膨胀1/11。所以，冬天气温反复变化的情况下，路面最容易出现冻裂凸起现象。

NO.083 不同的结冰时间

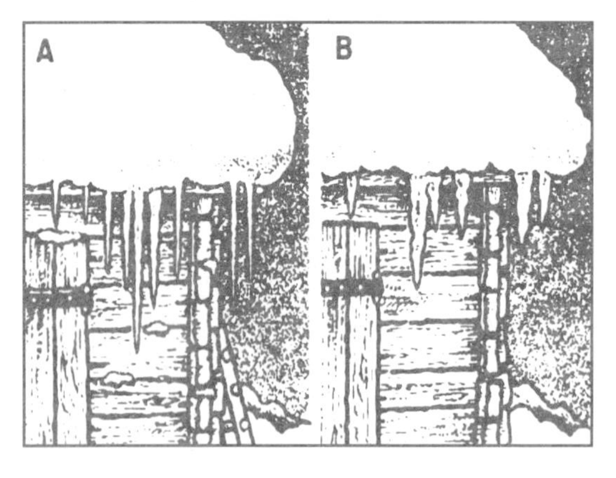

在覆盖白雪的牲口棚屋顶，寒冷时往往会结成各种不同的冰柱。有时又长又细，有时则又短又粗。这种形状的差别，应该如何解释呢？圈内牲口的正常体温，使屋顶最下层的积雪融化。融化的雪水被上层的积雪和其中包含的空气阻隔，不受外面低温的影响，而当温度稍高于零度时，雪水会顺着屋顶瓦楞滴下。到了外面，这些水滴会根据不同的寒冷程度，以不同的速度结冰。水滴一层一层地结成冰柱，如果室外温度不太低时，需要较长的时间才能冻结成冰，冰柱就会又长又细（图A）；如果温度很低，结冰只需很短的时间（图B）。

NO.084 纸做的锅

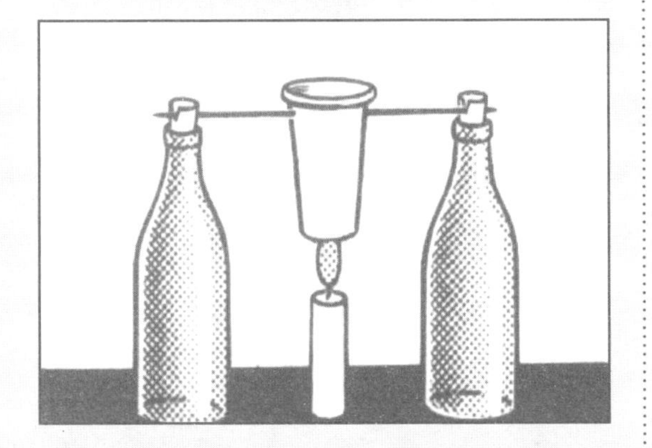

你想过用一只纸杯在明火或炽热的电炉灶盘上烧开水吗？你可以做一个试验：用毛衣针穿过一只装满水的纸杯，搭在两只酒瓶中间，在纸杯下点燃一支蜡烛。过一会儿，杯中的水就烧开了——而纸杯却安然无恙，连一点烤痕都没有。

水吸收了纸杯上的热量，在100度时沸腾。水的温度不会再升高，所以也达不到纸杯燃烧所需要的温度。

NO.085 自由飘拂的小气球

从新年集市给孩子买来的气球，会飞向天空；它有动力，因为它里面装有很轻的气体。在一个温暖的房间里，你也可以让一个气球飘拂在半空。窍门是：把一块硬纸板拴在气球上，让气球先是向下降落。然后陆续把纸板剪小，直到气球开始缓慢上升，最后停在你喜欢的高度上。

生暖气的房间里，流动着不同温度的空气层——冷的和重的靠近地面，而暖的和轻的则趋向天花板。坠着硬纸板的气球可以停在和其重量相应的空气层中。

No.086 钓冰块

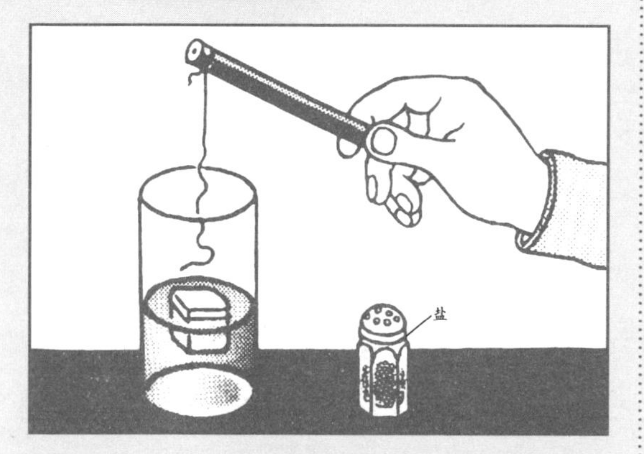

用铅笔和丝线做一支鱼杆，在一只杯子里装上水，让一个小冰块漂浮在水上。如何才能用这支鱼杆把冰块钓起来呢？把丝线头下降到冰块上，然后在冰块上撒几粒食盐。线头立即就会冻在冰块上。

食盐使冰块融化，这恰恰是几粒食盐在冰块上起的作用。有盐粒的冰块融化时产生的热量，被冰块表面上没有沾到盐粒的地方摄走，于是化掉的液体又会立即重新结冰，把落在上面的线头冻在冰块上，这样你就可以把冰块钓上来了。

No.087 爆裂的石头

在冬天，你可以不使用任何工具，就能让一大块石头爆裂开来。在屋外找一块冻透的燧石，用开水浇在上面。它就会轰然一声爆裂。

爆裂的原理是，石头的外表迅速升温，以比内部更快的速度膨胀。这样产生的不同张力，使石头裂开。以同样的方式也可以使厚玻璃酒杯爆裂，只要在里面倒入过热的液体。玻璃导热能力差，因此就出现了各个层次的不同膨胀现象。

NO.088 水龙头下的珍珠链

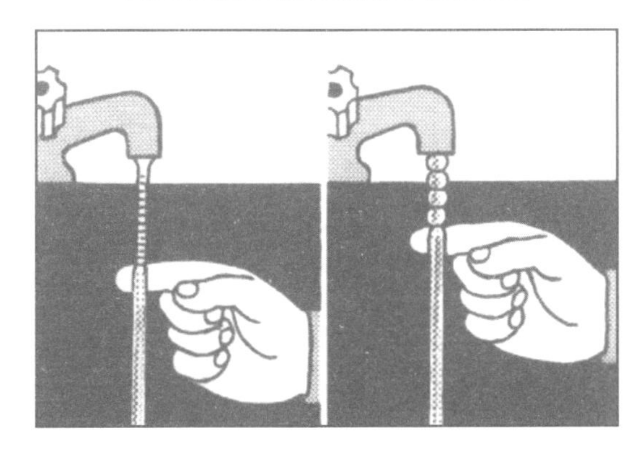

把水龙头开得很小，让它流淌出细细的水流，然后用手指挡在下面5厘米的地方。请仔细观察：你会发现在手指上方的水流中出现了神奇的波浪般的图案。把手指再稍微往上抬，波浪渐渐变成了很多小水球，直到最后形成一条“珍珠链”。

水流被手指阻挡，由于表面张力——液体分子间相互吸引而使表面收缩到最小的趋势——的作用，分裂成为圆形水滴。你把手指慢慢从龙头下撤回来，水流速度加快，水滴形状就会重新变得模糊。

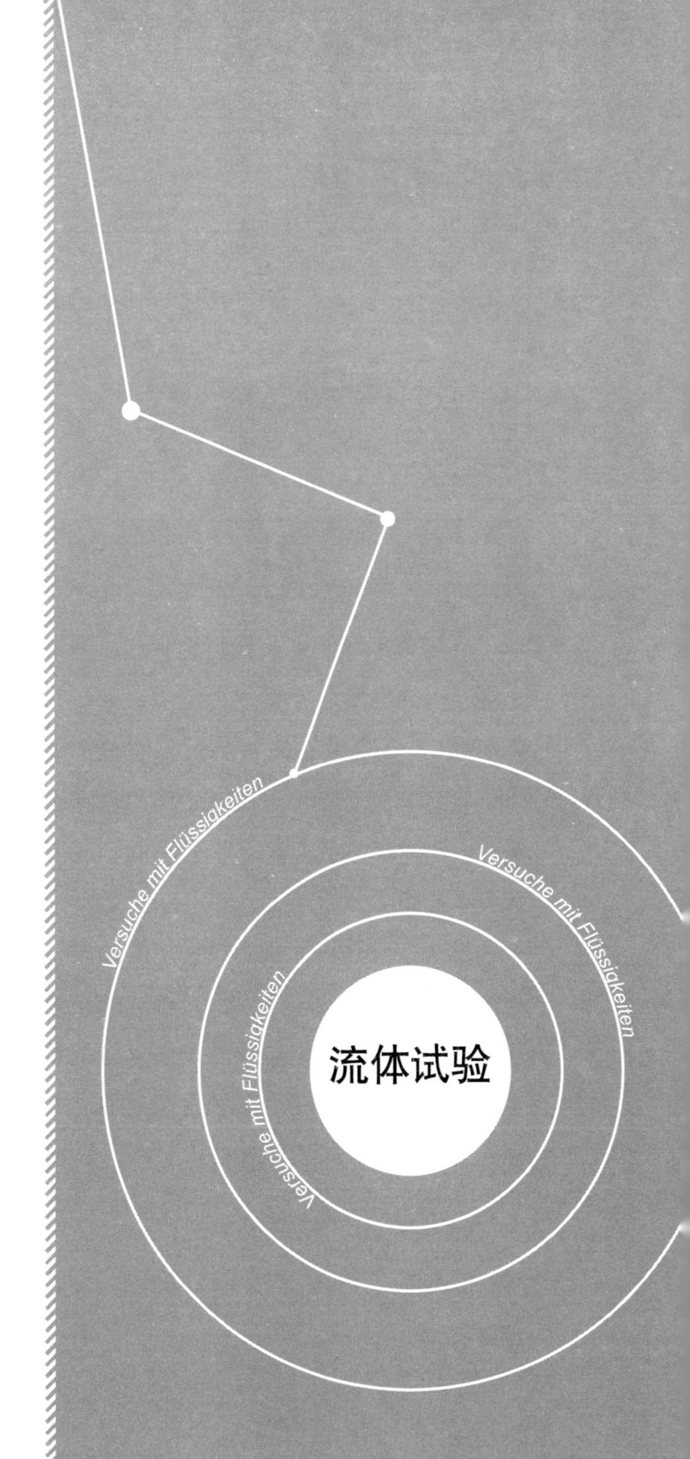

No.089 水丘

在一只干燥的玻璃杯中灌满水，但不要让水溢出来。然后慢慢地往杯中放硬币，一个接着一个，你可以观察到水平面的变化。

你会感到奇怪，里面竟然可以放这么多硬币，而水却不漫出来：水杯上面形成了一个小水丘。

这个水丘是表面张力起作用的结果，这是水分子间的一种相互吸引力造成的。最后你甚至可以把一个小盐罐的全部食盐都缓慢地撒在水面上。盐在上面融化，分别进入水分子之间，而水却不会外溢。

No.090 漂在水上的金属

把一只大碗装满自来水。把小金属物件放在一块吸墨纸片上，然后用一把叉子，小心地把它们一起放入碗中。过一会儿，吸满水的吸墨纸沉入水底，但小金属物件却漂浮在水上。

由于金属重于水，照理说金属物件也应下沉，但它们却被一层薄薄的水膜所承载，水膜的形成，是由于水面的水分子相互吸引的力量（即表面张力）。如果此时用一个小肥皂刷往水中一碰，表面张力被破坏，漂浮试验就会宣告结束。

NO.091 被破坏的水膜

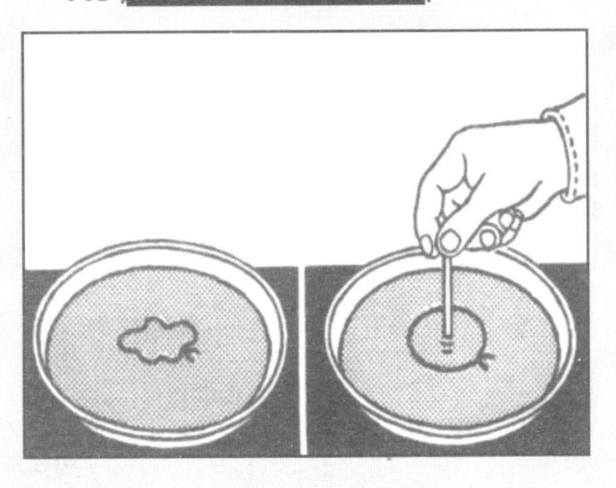

用一截棉线系成一个环，放在一个装有自来水的容器中，让线环漂浮在水面上。拿一根火柴插入不规则的线环的中心，线环立即变成了圆形。火柴之所以有这样的魔力，是因为它事先蘸了一点洗涤剂。洗涤剂进入水中，即刻向四周扩散，冲破了水分子在表面张力作用下形成的水膜。水膜突然破裂，陷入运动的水分子，从突破处向外冲去，把线环撑圆。

NO.092 软木片爬水丘

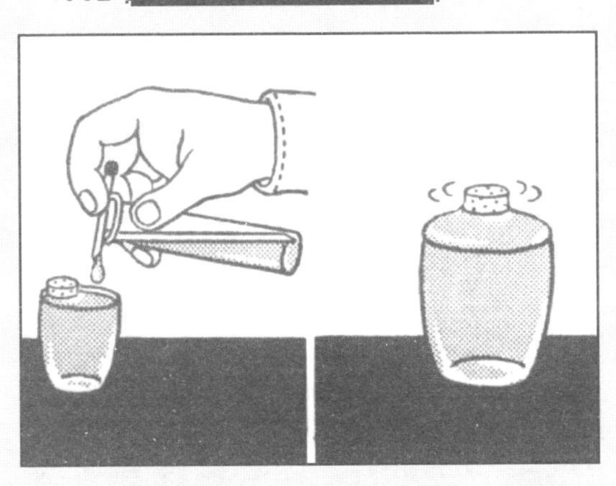

取一只小玻璃酒杯，注满水直至边缘，放在桌子上，并在水面靠近边缘处放一个圆形软木片。如何才能使软木圆片移动到水面中央而又不去触动它呢？

用一只小试管把水慢慢滴入酒杯中，直到形成一个水丘。开始时，重力使软木片留在稍微隆起的水面边缘。你继续向杯中滴水，水的附着力，即水分子和软木片之间的吸引力越来越强烈，于是软木片逐渐被拖上水丘的顶部。

NO.093 排水试验

找两枚一样大小的铝制硬币和铜制硬币，把它们分别放在一把叉子上，小心放入灌满自来水的容器中。黄铜硬币沉入水底，而铝制硬币却几乎漂浮在水面上，尽管铝和铜一样也比水重。铝制硬币通过水的表面张力，像被一层精细的有弹性的薄膜托在水面上，防止了下沉。铝的排水量比铜大一倍，所以铝制硬币在水中排开了双倍的水量，它在水面上压出了一个水中凹槽。

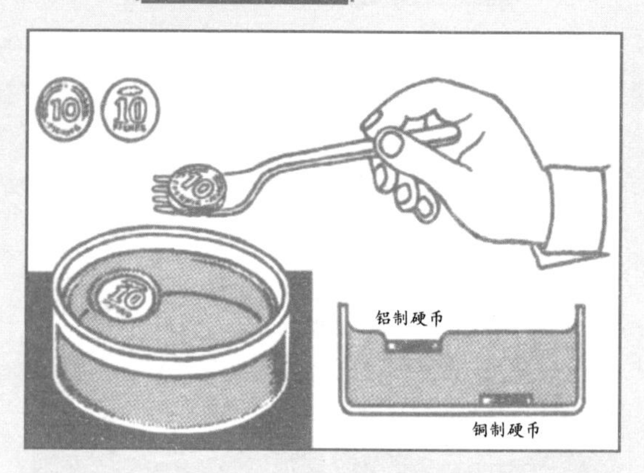

NO.094 松弛的附着力

把一张较厚的明信片剪成一个带舌头的盖，把它放在装满水的玻璃杯的水面上。请你试一试，在舌头上放多少枚硬币，这个盖才会被掀开。

你可能没有想到，上面竟能放那么多的硬币，这表明水分子和明信片之间的吸力——即附着力是如何强大。但你如果在水中放入少许洗涤剂，纸盖就会立即掀开。水分子的力量被洗涤剂明显削弱了；我们可以形象地说，水“松弛”了。这也是洗涤剂可以洗去污渍的道理。

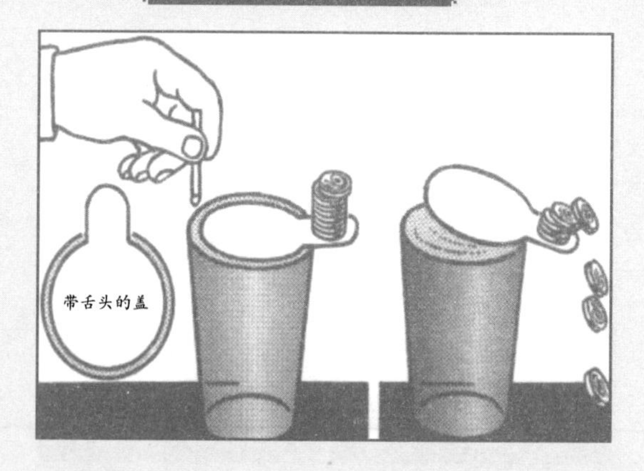

NO.095 把水打个结

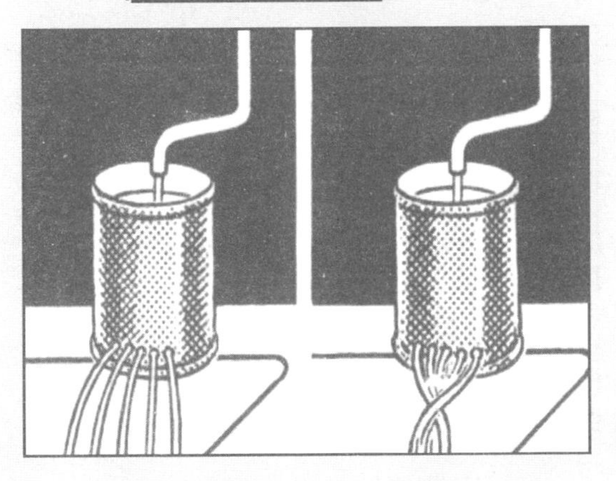

取一只一公斤容量的罐头桶，在靠近底部并排钻五个直径2毫米的小孔。把桶放置在水龙头下方，打开水龙头，让水从五个孔中流出。这时候如果你用手指在五个孔上滑过，五股水流就会合并起来，就好像是扭在了一起。

水分子是相互吸引的，并因此在内部产生一种使液体表面缩小的趋势：表面张力。这也是水滴形成的力量。我们在这个试验中，就清楚地看到了这种力量。

NO.096 分子的力量

用一根细铁丝做成一个3×8厘米的方框，然后把一根直铁丝搭在中央。把这个铁丝框放进有少许洗涤剂的盘子里，让铁丝框挂上一层肥皂膜。用一根小棍儿捅破小铁棍一边的肥皂膜，本来在中间的小铁棍就会立即滚到铁丝框的另一边去。

液体分子之间的吸力很强，肥皂膜几乎像是一面用气球绷成的平面。如果在一边把这个聚合状态戳破，另一边的吸力就获得了优势，把剩余的液体拉过去，甚至包括那根小铁棍儿。

NO.097 飘在空中的水

把一只玻璃杯灌满水，用一个平的塑料盖盖在上面。按紧盖，把杯子一下倒转过来。把手拿开，塑料盖却贴在杯子上，挡住了杯中的水流出。

在一只10厘米高的杯子里，水对塑料盖每平方厘米产生的重量为10克（因为一立方厘米的水重一克），而盖外面的空气对每平方厘米的压力却达1000克。它比水的重量大许多倍，因而死死顶住了塑料盖，既不让空气进入，也不让水溢出。

NO.098 葡萄粒之舞

在一只高水杯中注满带气的矿泉水，里面放入一枚或数枚葡萄粒。葡萄先是沉到水底，但立即就会上下跳起舞来，并自动旋转不停。

矿泉水中的气体在杯中被释放出来，那是二氧化碳。它在葡萄上集聚很多小气泡，直到足以使其向上浮动。在水面上气泡破裂，所以葡萄又开始下沉，然后这一过程再从头开始。

NO.099 带弹性的肥皂泡壁

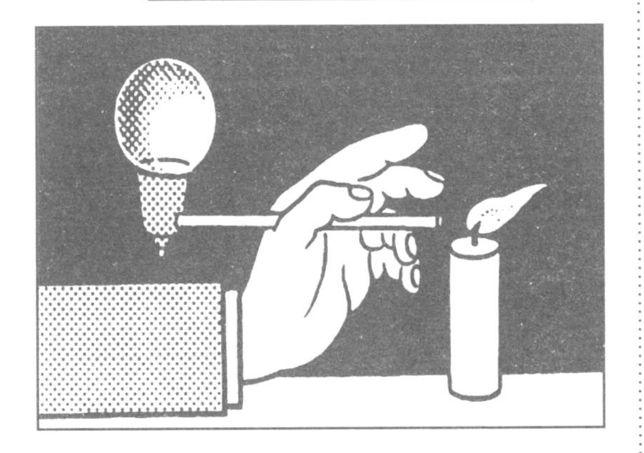

用洗涤剂和水制成肥皂泡沫，再用小塑料盖和吸管做一只小烟斗。吹出一个肥皂泡，不要让它飞掉，而是用手指按住吸管吹口，让它留在烟斗上。让吹口接近一只燃烧的蜡烛，然后把手指拿开。火苗就会开始向另一边倾斜，而烟斗上的肥皂泡也逐渐变小，最后消失。

尽管肥皂泡壁很薄，只有千分之一毫米，但它却有足够的力量把空气拢在里面。你打开了吸管的吹口，水分子鉴于表面张力的作用，聚成了水滴，把空气排了出去。

NO.100 用肥皂当动力

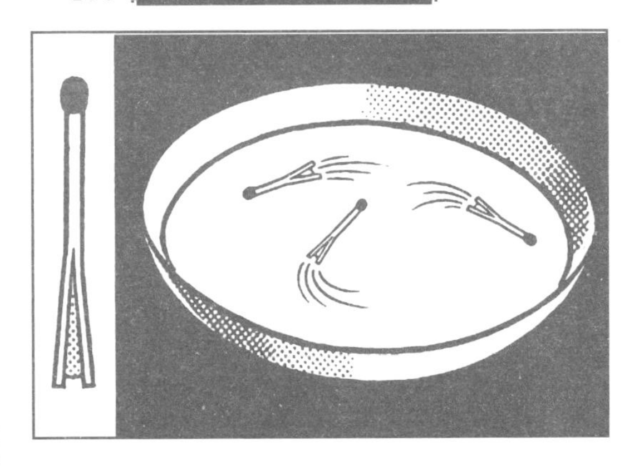

把火柴的尾部劈开，在缝隙里放入少许软肥皂。把火柴放入装有自来水的盘子里，它就会迅速向前游去。在浴缸里，你甚至可以用多枚这样的火柴举行游泳比赛。

逐渐化开的肥皂不断破坏水的表面张力。于是产生了水分子朝后方的运动，这就成了火柴朝前走的反作用力。如果不用肥皂，而用洗涤剂，那么火柴的运动会更加快捷。

No.101 不透水的孔洞

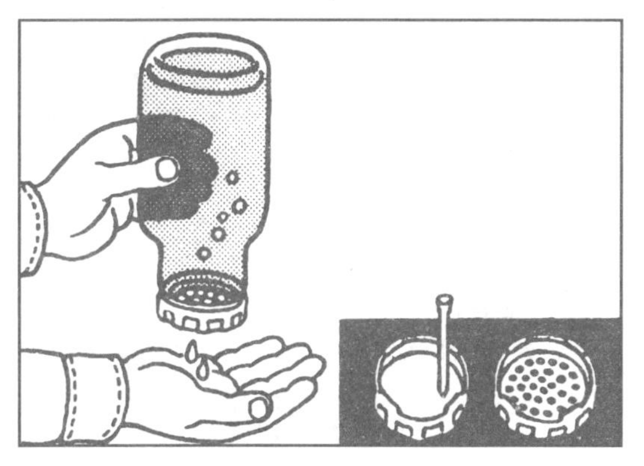

在一个果汁瓶盖上用一根直径3毫米的钉子打30个孔。瓶中灌满水后，把盖拧紧，用手捂住瓶盖。然后把瓶子倒过来，当你把手拿开的时候，瓶中的水却不流出来（最多有几滴）。每个孔都通过水分子的相互吸力在表面上结成了水膜，把孔覆盖住。只有当空气进入瓶中时，水才能同时流出。

No.102 阿基米德定律

把一个容器装满水，并称出其重量。然后在水面上放一个木块。这样，就有一部分水从边缘外溢出来。请再称一次这个容器，看它的重量是否发生了变化。

重量没有变。从容器边缘外溢的水和那个木块重量完全一样。著名的数学家阿基米德在公元前250年发现，流体对物体的浮力，和它排开的同体积的流体重量是一样的。它只下沉到它的重量被浮力平衡的深度。

NO.103 平衡的问题

取一把木尺作为天平放在一支有棱的铅笔上，并用两只装着水的玻璃杯放在两端，使其基本保持平衡。如果你把手指伸入其中一只杯子的水中，并不接触玻璃杯，它们还会保持平衡吗？

手插在水中的那只杯子将向下沉，因为它的重量有所增加，增加的分量，就是手指排出的水的分量。

NO.104 钓鱼时遇到的问题

一个男孩在鱼钩上挂着一只鞋。只要鞋在水中，鱼竿就是相当平直的。但是，当鱼竿往上拉的时候，它却向下弯得很厉害。如何解释这种现象呢？

这是符合阿基米德定律的。浮在流体中的物体，将失去部分重量，这部分重量恰恰与它所排开的同体积的水的重量相同。这种所谓的重量损失，被称为浮力。

在这个实验中，进入水中的鞋所得到的浮力，恰恰使它的重量略重于水。把鱼竿拉起后，鞋恢复了原有的重量，另外还要加上鞋上带着的水的分量。

NO.105 你的拳头有多大？

把一只装水的容器放在称上，并记下它的重量。把你的拳头放入水中，但不能接触容器，也不能让其中的水外溢。从重量的变化，你可以测出你的拳头的体积。

称上显示的重量的增加，恰恰是拳头排开的水的重量。由于一升水在4摄氏度时恰恰重1000克，即1克等于1立方厘米水。如果拳头进入水后，重量增加了300克，那就意味着你的拳头恰有300立方厘米那样大。

NO.106 物体在水中的重量减轻了

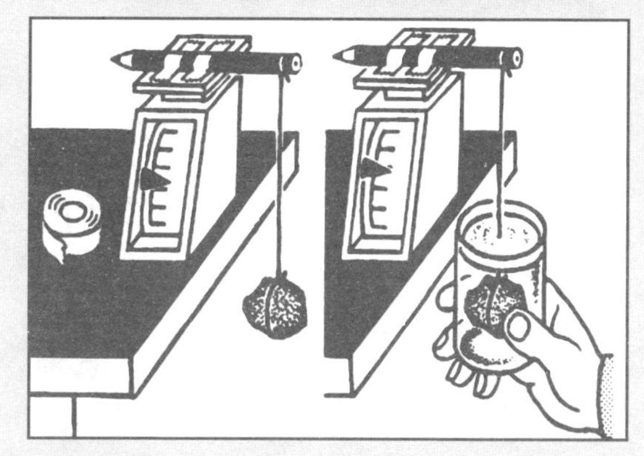

把一块石头用铅笔和线绳固定在称信件的天平上（见图），记下它的重量。然后，如果你把石头悬在一个有水的容器中，它的重量会发生变化吗？

游泳时，在水中搬起一块较大的石头，你就会奇怪，这块石头为什么这么轻。但当你把它拿出水面时，你就会发现它真正的分量。事实是，一个潜入液体（或气体）中的物体，重量看来确实有所减轻，而且减少的程度恰恰等于它所排开的液体体积（或气体体积）的分量。这种所谓的重量损失称为浮力。

NO.107 神秘的水平面

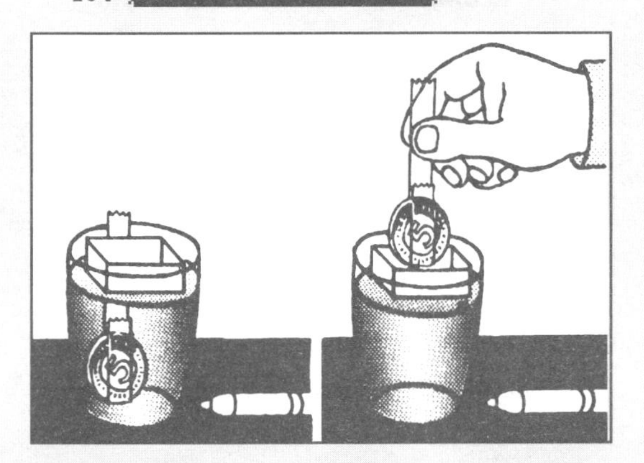

用水注满一只大玻璃杯，并让一只空火柴盒浮在上面。将一块胶条粘在一枚硬币上，将硬币放入水中，然后在玻璃杯上标出水平面的高度。如果把硬币拿出来再放进火柴盒里，杯中的水平面会上升还是会下降呢？

放入水中的硬币，由于本身体积小，所以排水量不大，而载着硬币的火柴盒却相反，排除的水量几乎等于刚才的10倍，因为硬币的重量大于水的重量10倍。火柴盒潜入水中的深度，相当于它的全部分量所排除的水的重量，所以，水平面将上升。

NO.108 水中的鸡蛋

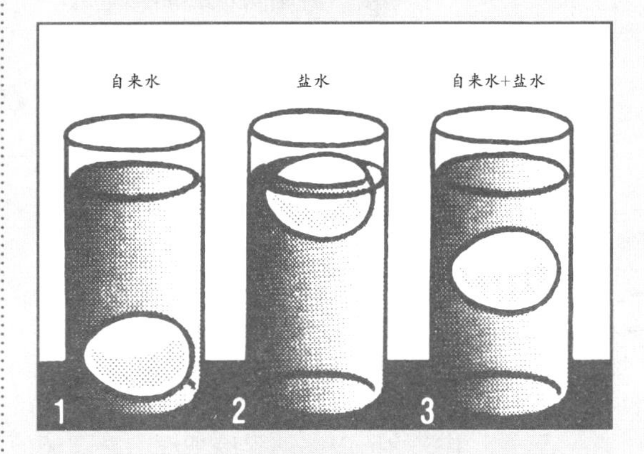

把三只大口玻璃杯注满水，各放入一只鸡蛋。令人不解的是，各个鸡蛋却浮在不同的高度上。这如何解释呢？

第一只杯中，用的是自来水，鸡蛋很正常地沉到杯底。第二只杯子里放了两汤勺食盐，变成了盐水，所以鸡蛋浮在水面上。第三只杯子下半层是盐水，上半层是正常的自来水，如果你用汤勺轻轻地把鸡蛋放进水中，鸡蛋会浮在中间。因为它虽然会在自来水中下沉，但却会浮在盐水上面。

NO.109 做一艘微型潜水艇

用厚橘皮做一只3厘米长的小型潜水艇，上面安装一个小塔楼，再用防水的油彩画成船形。把一只大玻璃瓶中注满水，直至瓶口，把小船放进去，用橡皮盖把它封闭。只要按一下橡皮盖，潜水艇就会下潜。手指用力的大小，决定潜水艇是否下沉或浮在水面。

透气的橘皮里有微小的气泡，这些气泡决定了潜艇的沉浮。手指在橡皮盖上的压力，使得小气泡压缩，因而给潜艇以动力潜入水底。另外，潜艇之所以能够平稳漂浮，是因为橘皮的橙色外表比里面的白色部分要重。

瓶中再扔进几个火柴头当作蛙人，他们也会和潜水艇同时上下运动。

NO.110 活泼的潜水球

将巧克力糖的锡箔包装纸捻成彩色的小球，按压结实，放入装满水的牛奶瓶中，瓶口安一个有吸力的小挂钩（厨房里一般都有）。用不同力量按压挂钩的橡皮部分，里面的小球就会活泼地上升、下降或者浮在中间。

锡箔重于水。小锡箔球所以能够在水中漂浮，是因为小球中还存有空气。手指的压力，被水传播，压缩了球中的空气，它们的浮力减少，所以下沉。

NO.111 风向决定水温的变化

岸边的水温一夜之间就会发生变化。这不仅取决于白天的气温，而且还取决于风向。是风从水中朝陆地方向吹，还是从陆地朝水的方向吹，水温才会升高呢?

水在4摄氏度时密度最大。水温越高，水膨胀得越大，因而也就越轻。所以，被阳光照热的水停留在岸边的水面上层。如果风来自水域，温暖的水层就会聚集在平坦的岸边。但如果风来自陆地，情况就不同了，它就会把温暖的水层吹走，冷水就会从深处涌上来。

NO.112 来自下面的压力

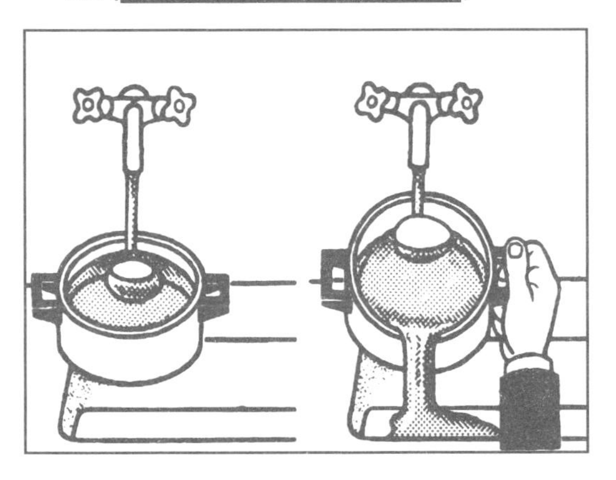

在冷却煮鸡蛋时，让自来水流入煮蛋的锅里，并让水流在蛋和锅壁之间。把锅向前倾斜，蛋本来应该滚到锅朝下的一边，但实际上，蛋却留在上面的水流旁不动，旋转着贴在水流上。

流体（或气体）的压力，通常会随着流速的加快而减弱。蛋和锅壁间的水流就是这样。而锅中带有正常压力的水却把蛋推向上方。

NO.113 和水做游戏

把一只小酒杯放入一个大口的玻璃罐中，并注满清水。现在我们做个游戏：试试把硬币扔进小酒杯中。你可以和几个朋友共同做这个试验。不管你如何对准小酒杯扔下硬币，硬币总是落在酒杯的外边。

要让硬币在水中笔直下落，是很难成功的。下落的硬币只要稍有倾斜，它那向下倾斜的一面就会遇到很大的水的阻力。由于硬币的重心正好在它的中央，所以它在下落时就会轻微旋转，而向它冲击的水分子，就会使它走上一条弧形的路线。

NO.114 水迹的延伸

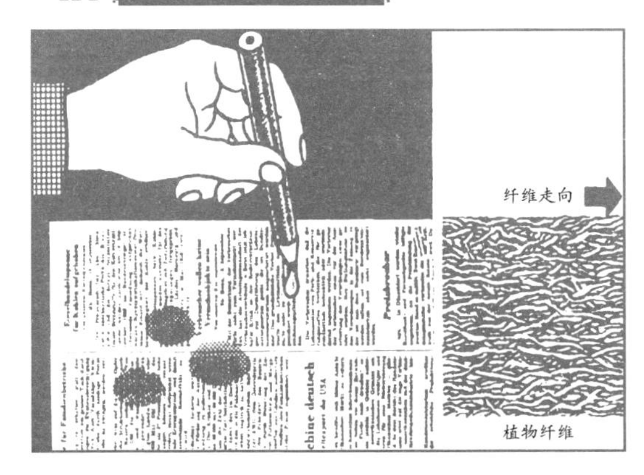

把水滴在报纸上，开始时会留下圆形的湿迹，但会逐渐变成为椭圆形。

这主要是由造纸原料植物纤维的走向所决定的。滴下的水浸入这些极小的毛细管中——就像自然界生长的植物吸收水分那样。由于横向的纸张纤维吸水性不太强，所以，椭圆形水迹就向我们显示了纸中纤维的走向。不过，在报纸上印有图片或大型字体的地方，水迹扩展得很小，纤维的吸水功能之所以减弱，是因为其中的大部分纤维都被含有油性的油墨占据了。

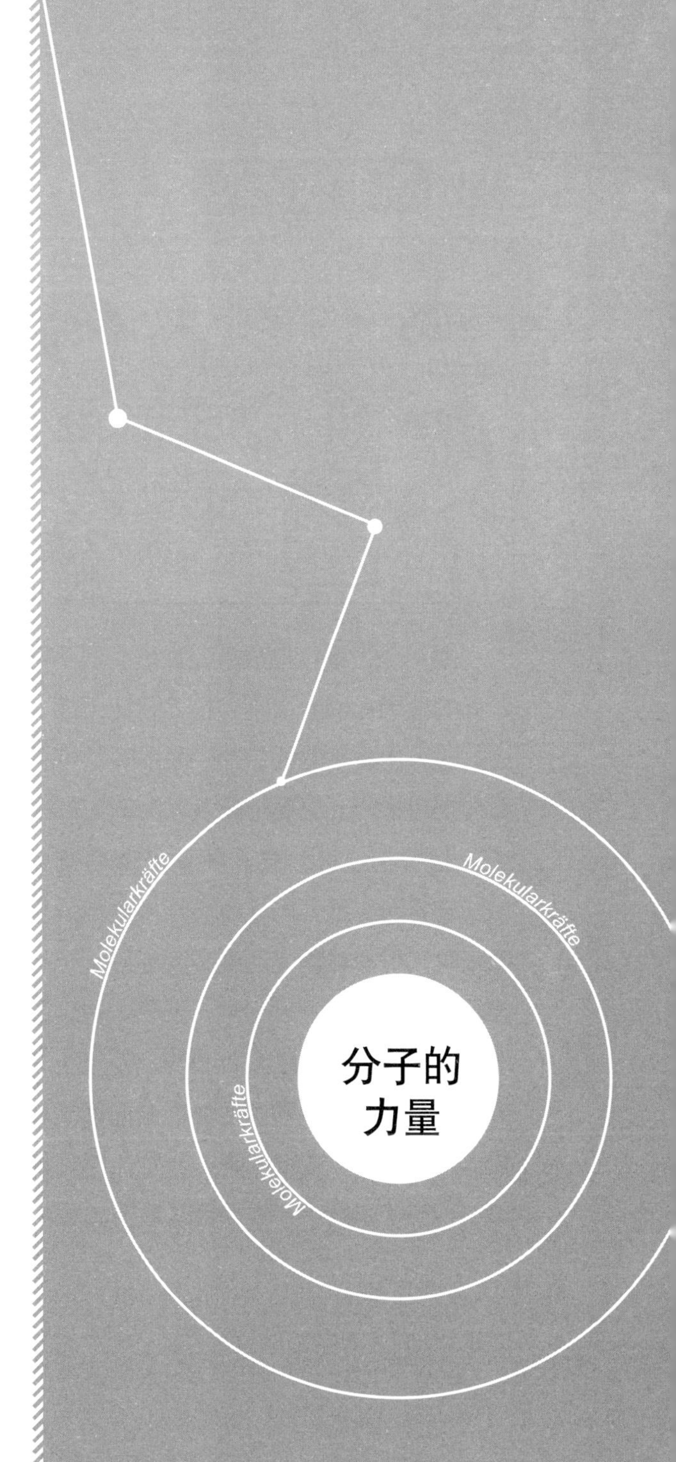

No.115 撕报纸试验

如果想把报纸撕成条，你就会遇到两种不同的结果：顺着文字一行一行向下撕，撕后的边大体是平直的，而逆着撕，边则是弯曲和锯齿状的，这是为什么呢？

和切割木材一样，顺着纤维切割要比横着切容易，纸张同样也有纤维走向。生产纸张时，用木材制成的纸浆要通过一个运动着的筛带。在这个过程中，纸浆中包含的纤维是按照一定走向进入机器的。经过上浆、滚轧和干燥后的纸张，逆纤维走向都比较结实。这一事实，在纸张进一步加工时，即在印刷、装订和做手工时都极其重要。

No.116 纸绳的拉力

把一张纸巾卷起来并拧成一条结实的纸绳，用它来进行拔河游戏。当两端都有人使劲拉的时候，它能禁得住吗?

如果你是逆着纸的纤维走向拧绳，那只要一拉就会扯断。但如果顺着纤维走向拧绳，那它就可以禁得起拉扯。在这种情况下，纤维聚合在一起，就能共同抵御拉扯的力量。但只要在它上面滴上一滴水，那么这个聚合力就会立即消失。

NO.117 会爬的液体

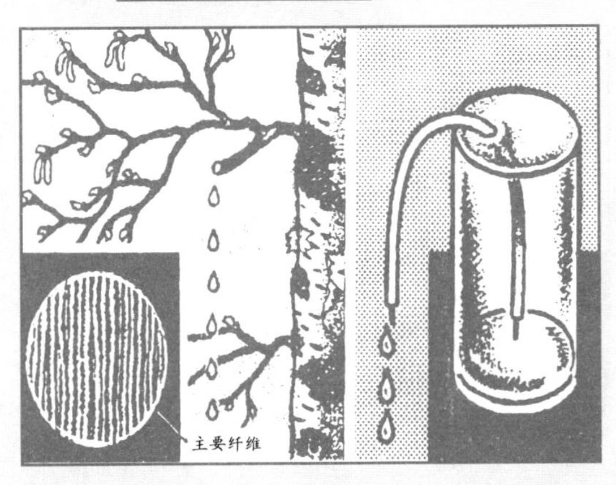

春天，剪下一根刚萌芽的桦树枝条，它的切口处会流出清亮的液体。如何解释这种所谓的“树血”呢?

春天，树根向萌芽输送有养料的水分特别多。这种输送是在树根的压力下进行的，同时也通过毛细管现象进行：水分子和木分子相互吸引，因此树液上升至输导组织的管道形毛细管中。我们可以做一个试验：把一根长毛衣针插入塑料管中，然后将它弯成U形，并挂在装满水的玻璃杯上，这时，水就会顺着U形管上升，最后把杯中的水流干。

NO.118 纸做的睡莲也会绽放

将一张平滑的纸剪成一朵花，用彩笔涂上颜色，然后把花瓣向里折叠。把这朵纸睡莲放入水中，你就可以看到花瓣以慢镜头的速度向外开放的景观。

纸的主要材料是植物纤维，即极细的管道。通过分子间的相吸，水就会渗入这种所谓的毛细管中。纸开始膨胀，就像是凋谢植物的花朵放入水中那样，这朵纸做的睡莲的花瓣也会竖立起来。

NO.119 神奇的气泡

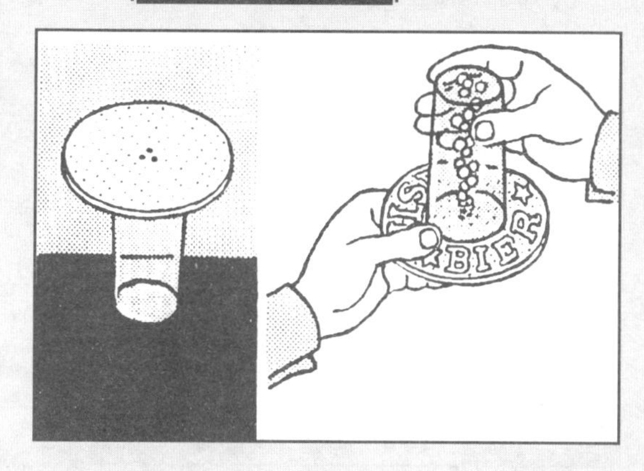

取一个底部是白色的纸制啤酒垫盘，用针从下面中间处扎三个小孔。把一只玻璃杯注满清水，直至边缘，把垫盘盖在上面——垫底朝上，然后立即把玻璃杯倒转过来。你必须用手顶住垫盘，并用手指捂住上面的小孔。现在你就可以做汽水了：你把手从小孔处移开，杯中开始冒起气泡。

垫盘的纸板由植物纤维，即极细的管道组成，通过“毛细管现象”汲取水分。由于垫盘吸收了相当的水分，杯中出现了低压，于是外面的空气就通过小孔进入杯中，以取得气压的平衡。

NO.120 让水倒流

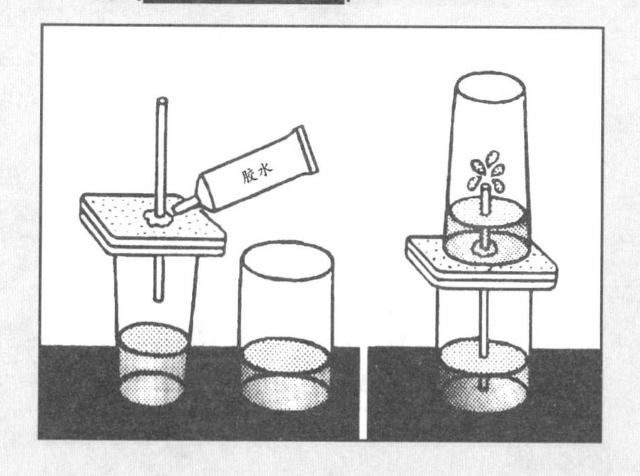

取两三个啤酒垫盘摞在一起，中间刺穿一个塑料吸管般粗细的洞，将吸管插入，用胶水封闭缝隙。把吸管按图上的样子剪短。将两只玻璃杯，一只短粗的和一只细长的，分别注满三分之一的清水。把啤酒垫盘放在细长的杯子上，然后猛地把它倒转过来，头朝下扣在短粗杯子上面。这时你就会发现，下面杯子的水会倒流至上面的杯子中去，甚至持续一个小时之久。纸板制作的啤酒垫盘中的管道式纤维，将汲取上面杯子中的部分水分，从而产生了低压。外面的空气为平衡气压，就会压迫吸管中的水向上倒流。

NO.121 被截断的水管

圣诞节来了，一位父亲要在家里树起一棵圣诞树。他必须把树干的底部削尖，才能把树插稳在底架上。但是，尽管他在树下的底盘里放满了水，圣诞树在节后还是很快就枯萎了，掉光了针叶，这是为什么呢？

在削树干底部时，除了树皮，常常也会把最外圈的年轮削掉。但恰恰在这里存在着吸水细胞，即向上输送水分和养料的管状细胞。靠近树心的老年轮，由于细胞已经木质化，不再具备输送水分的功能，它们只起加固树干的作用。因此树干就无法汲取水分和维持针叶的生长了。

NO.122 一片积水的力量

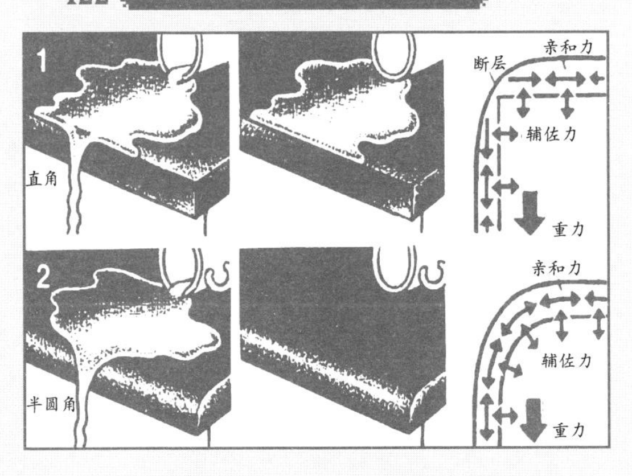

把一杯水倒在厨房里平滑的塑料台面上，这些水有多少会流到地下呢？这取决于台面边缘的形状。如果是直角边缘，则只有倒水时溢出的那部分水流下台面（图1）；而如果边缘是半圆的，则全部积水都会流下（图2）。

流动的水，首先遵守重力法则。在有棱角的边缘，水的亲和力，即水分子间的吸力则在此处中断。而半圆形边缘却相反，它使水分子的亲和力保持了下来。它甚至比此时水分子对塑料台面的附着力更为强大。结果是所有的积水都将流光，台面很快就会干燥。

NO.123 硬币陷阱

把一根火柴从中间折弯，但不要折断。把这个角状的火柴平放在一只葡萄酒瓶口上，上面再放上一枚硬币。怎么才能让火柴离开瓶口，而让硬币掉进瓶中呢？但不许碰到火柴！

你只需要把一滴水滴在火柴的弯曲处，火柴就开始活动起来，过不了一会儿，硬币就会落入瓶中。木材的管状细胞，接受了水分，继续向里面输送。通过分子的吸力，出现了压力，使瓶口上的火柴两端逐渐展开。

NO.124 气象站

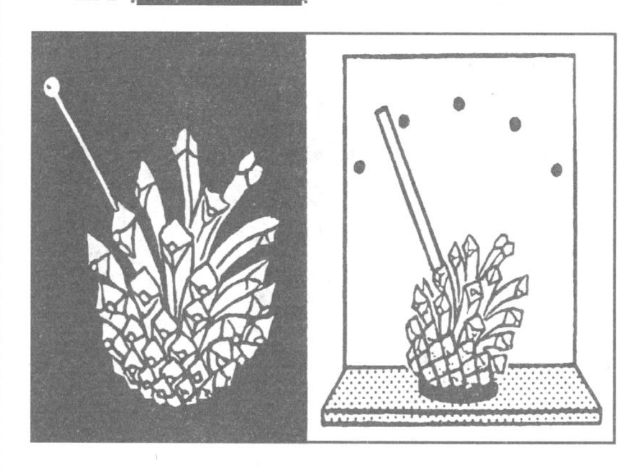

用火漆或胶水把一只干燥的松球果固定在一块木版上。在中间的一个鳞片上插入一根大头针，外面再套上一根吸管。把木板放到外面淋不到雨的地方。吸管会随着气候的变化而移动。请标上刻度。

这个简易的湿度计，是大自然的作品。下雨前，松球果紧缩，以保护里面的种子，下雨后，球果的表面则吸收水分，开始膨胀。膨胀或者萎缩这个过程，你也可以在一块薄板或者一块纸板上观察得到，如果它的一面变得潮湿的话。

NO.125 中了魔法的纸盒

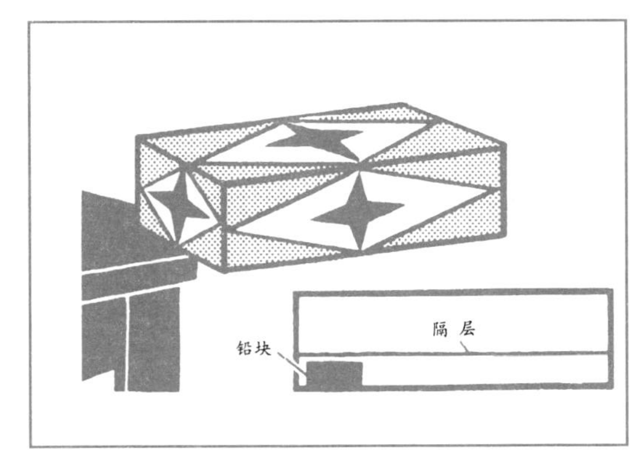

在一个长方形薄纸板盒里隔出双层来，在下层藏一个铅块，这样，你就可以用有铅块的那个盒角做平衡游戏了。

每一个物体都有一个重心，整个物体围绕这个重心通过重力保持平衡。像纸板盒这样有规则的物体，重心一般都在它的几何中心位置。照道理讲，如果你把纸盒放在桌子的一个角上，它应该掉在地上才对。但铅块却使它不会掉下去，因为纸盒的重心已经转移到了铅块所在的盒角上了。

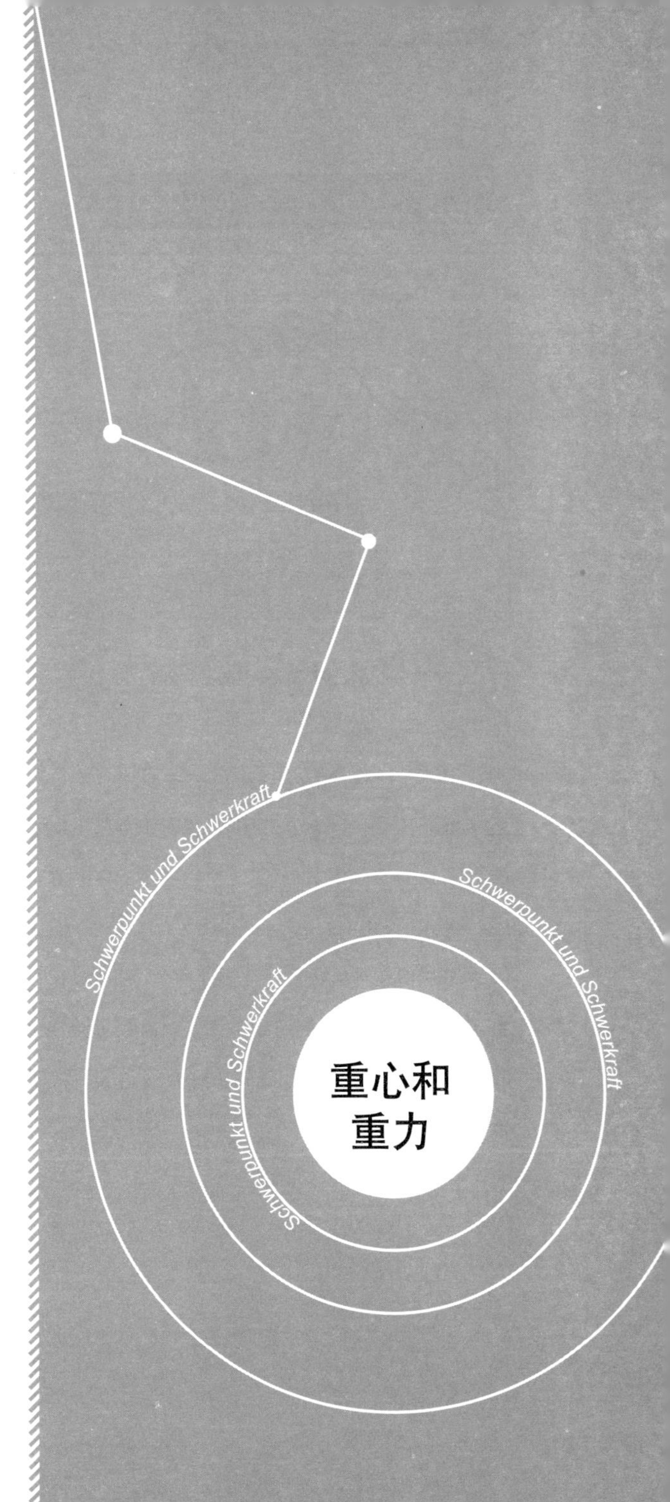

NO.126 会玩平衡的纽扣

如果你把一只纽扣像图上那样放在茶杯的边上，它必然会一碰到杯边就立即掉下来。谁也不会相信纽扣会停留在杯沿上，但这是可能的。你只要用两把吃饭用的叉子夹住纽扣，然后再将它放在杯沿上，纽扣就会这样停留在杯沿上。

叉子曲柄的顶端特别重，并半环形绕着茶杯，于是，纽扣的重心恰好在杯沿的位置，所以这个造型就可以在这里保持平衡了。

NO.127 热点

用一根火柴插进一个软木瓶塞的末端，在瓶塞的两侧插入两把叉子（略成角度）。然后把火柴放在一只厚瓷茶杯的杯沿上，让所有这些物件在上面保持水平平衡。如果把火柴点燃，会怎么样？这些物件会掉下来吗？

只要有重心支持，任何物体都会保持平衡状态。由于叉子的弓形状态，使其重心正好处于杯沿位置。如果你点燃火柴，它只能燃烧到杯沿。然后它就会由于瓷器的良好导热性能而熄灭，因此平衡仍会保持下去。

NO.128 会飘拂的蝴蝶

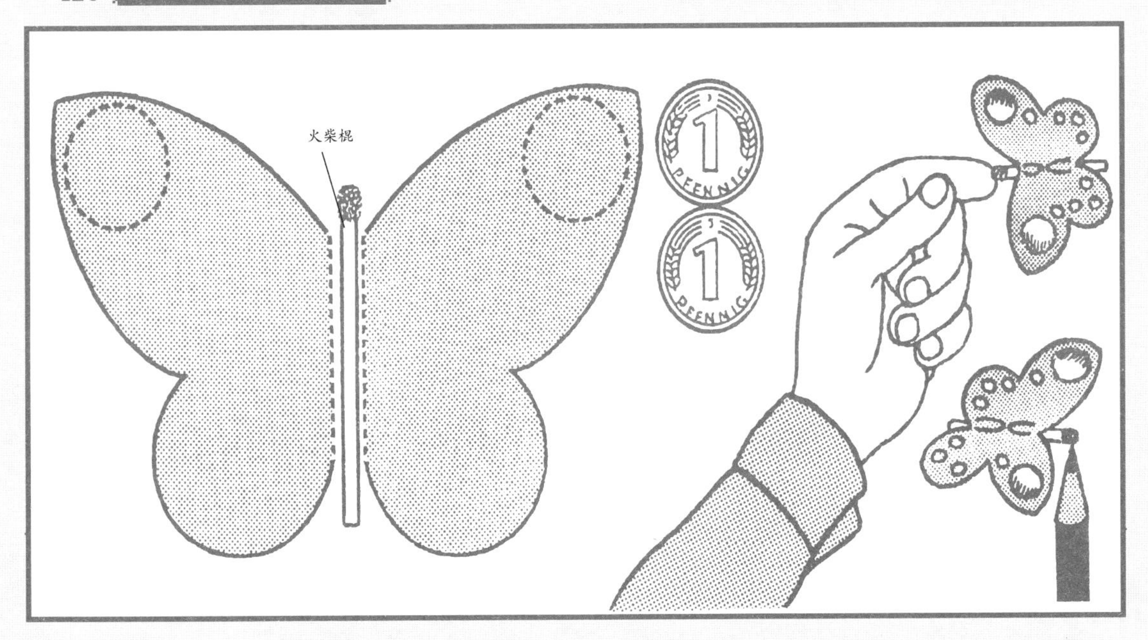

用白纸按照图上的样子，剪下两只蝴蝶，按虚线处折叠起来，并把两部分粘在一起。在两只翅膀的角上分别粘上一枚硬币。点燃一支火柴，立即吹灭，然后粘在两层蝴蝶之间，让烧焦的黑色火柴头朝上。然后你可以用彩笔和花纸把蝴蝶装点起来！这时，如果把蝴蝶的头部放在你的手指上，或者放在桌角或是铅笔尖上，蝴蝶就好像是飘拂在空中。贴在翅膀里面的硬币在这里起了作用，整个蝴蝶的重心（在它的周围通过重力保持平衡）转移到了火柴头上。烧焦的火柴头比较粗糙，可以让蝴蝶停在你的手指上。

NO.129 会表演平衡的小丑

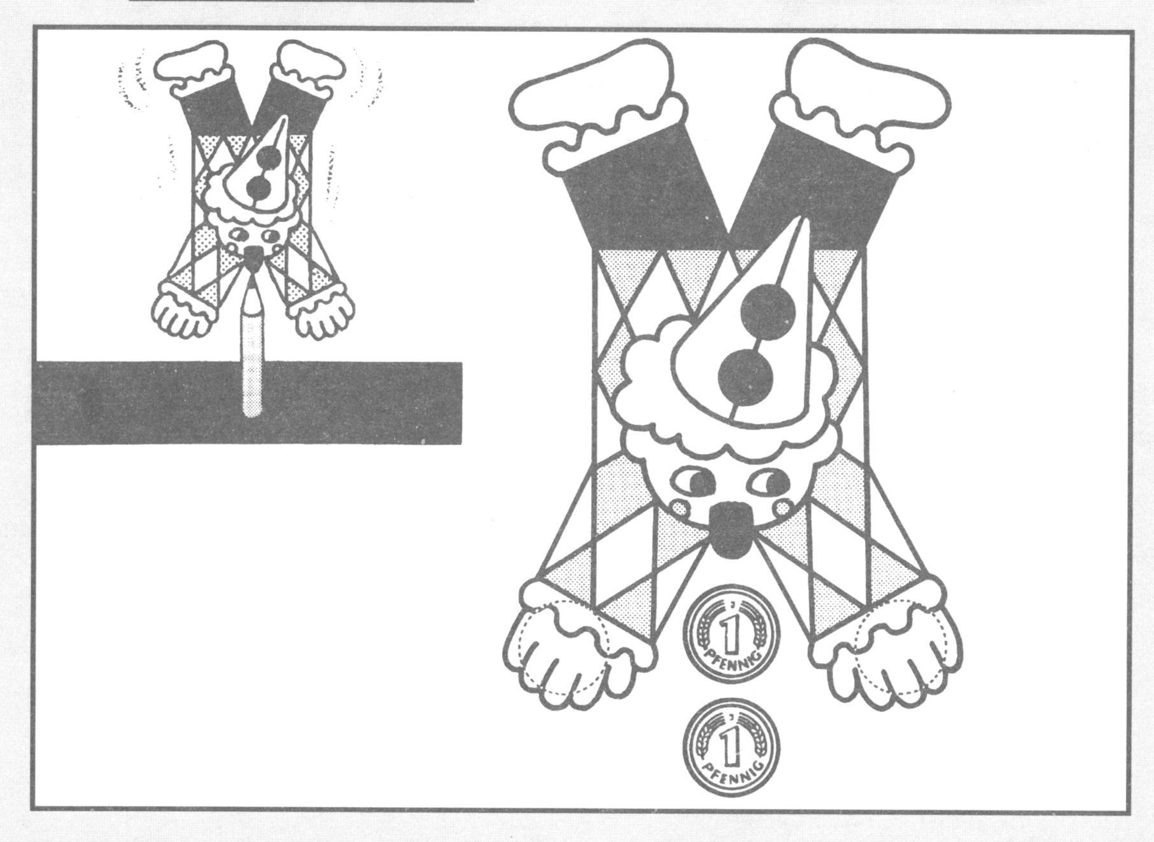

按图把小丑描在白纸上剪下两份，然后贴在一起。同时把两枚硬币分别粘在小丑两只手的里面，小丑的两面都用彩笔进行装饰。于是，我们可爱的小丑就可以在手指上、铅笔尖上，或者在一根线绳上表演平衡技巧了。他的技巧令人钦佩，因为照常理，他是应该倒在地上的。

这里又是贴在里面的硬币起了作用，小丑的重心转移到了小丑的鼻子上，所以他才能保持平衡。

NO.130 称信件的天平

把一枚硬币贴在一张风景明信片的右角上，左上角用一根大头针固定在墙壁上，左下角挂上两枚回形针。这样你就可以大概知道信件的重量了。

首先为这个天平进行校正：用胶条粘上五枚硬币，挂在回形针上。五枚硬币的重量刚好是20克。这时候，在明信片右上角下倾的地方在墙壁上做一个箭头标志。然后取下硬币，把一封需要称重的信件挂在回形针上，这时请注意明信片的右上角。如果它停在箭头以上，就表明信的分量大于20克，用普通的邮资可能就不够了。

（实验所需要的硬币，可用人民币的5角硬币，五枚5角硬币的重量约为19克。——编者注）

NO.131 蜡烛跷跷板

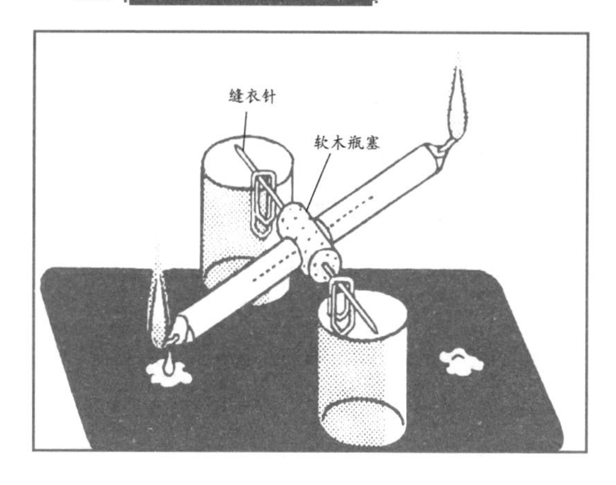

用一支毛衣针竖向穿透一个软木瓶塞，横向再插一根缝衣针，然后在它两端各固定一支相同重量的小蜡烛。在一个托盘上放置两只玻璃杯，然后把毛衣针两头搭在玻璃杯上，并用回形针固定在杯沿上，于是一个跷跷板就做成了。这时，只要把两支蜡烛点燃，它就可以左右摇摆了。开始时，跷跷板的重心正好在它的轴上，两根蜡烛可以保持平衡状态。但只要有一端的蜡油落下，重心马上就会转移向另一侧，而更重一些的那支蜡烛，火焰燃烧程度也就更大一些。于是两端蜡烛轮流滴下蜡油，重心也随之不断从一端向另一端转移。

NO.132 平衡杆

把一根木杆的两端放在你左手和右手的食指上，让一端的长度超过另一端。如果你现在让手指都向中心移动，长的那一端会因超重而倾斜吗?

事实上，你可以通过手指的移动让木杆始终保持平衡状态。如果一端超重了，它就会把压力转移到这一端手指上。而受压较小的另外一个手指，就可以继续向中间移动，直到平衡状态恢复。通过重力的相互作用和摩擦，这个过程可以一直延续到两个手指在木杆中间会合。

NO.133 稳固的自行车

两个骑自行车的人可以不必下车而使车稳稳地停在路上。他们让两车的轮子平行相距约一米，然后两人各用一只手抓住对方的车把就可以了。两支胳膊呈交叉状态，胳膊往下一压，车轮就稳固地停住了。为什么？

两支胳膊恰像是一组斜撑支柱，加上两个骑车人的上身，就组成了一个三角形。但只有当胳膊往下按时，这个三角才能变得稳固不动。斜撑支柱在修建脚手架、铁塔和桥梁时，与平竖结构部分相配合，可起稳固的作用。

NO.134 寻找重心

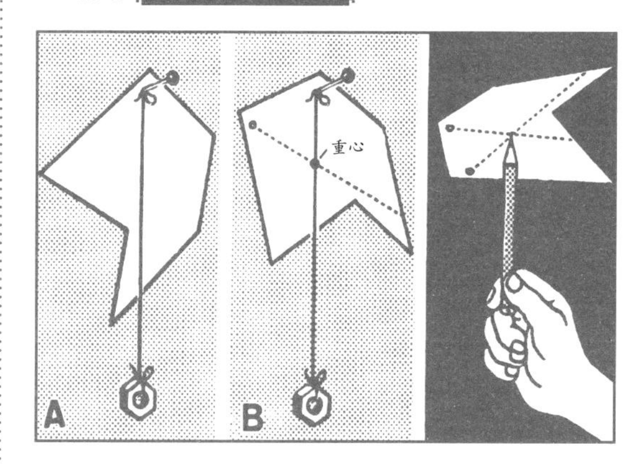

如果一个物体想保持平衡，就必须有一个重心给它以支持。那就是物体各部分得以平衡的作用点。一个形状规则并且材料相同的物体，重心一般位于物体的几何中心部位。但不规则的物体的重心在哪里呢？

用一张异形纸板，就可以得到简单而形象的回答：在它的一个角上插入一根大头针，悬挂起来。它的重心就应该正好在悬挂点的垂直线上。所以，你要把大头针以下的垂直线标出来（A），然后把纸板换一个角度再挂在墙壁上，同样标出其垂直线（B）。重心就在两条线交叉的地方。

NO.135 神奇的平衡

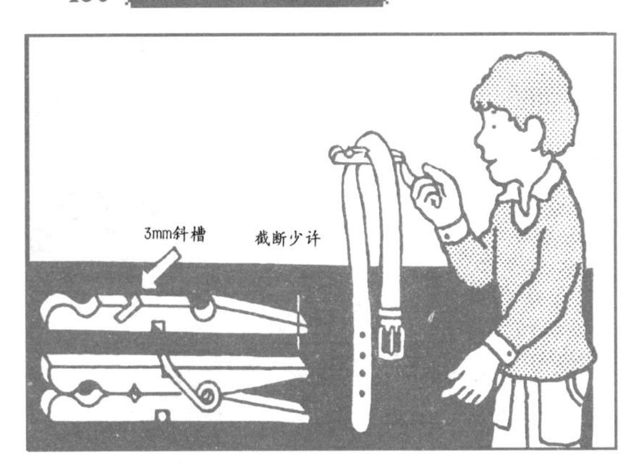

在半个木衣夹上搭上一条硬皮皮带，然后把衣夹一端平放在手指上左右摇摆，它却不会掉下来，好像重力失去了作用。其秘密就在于在木衣夹上锯成的一个3毫米宽的斜槽，皮带就卡在这个斜槽中。另外，衣夹的尖端必须截断少许。

把衣夹的尖端放在手指上，皮带下垂的两端，由于衣夹上的槽口呈倾斜状，故向后弯曲，于是手指上整个结构的重心发生了转移，所以才形成平衡状态。

NO.136 会保持平衡的针

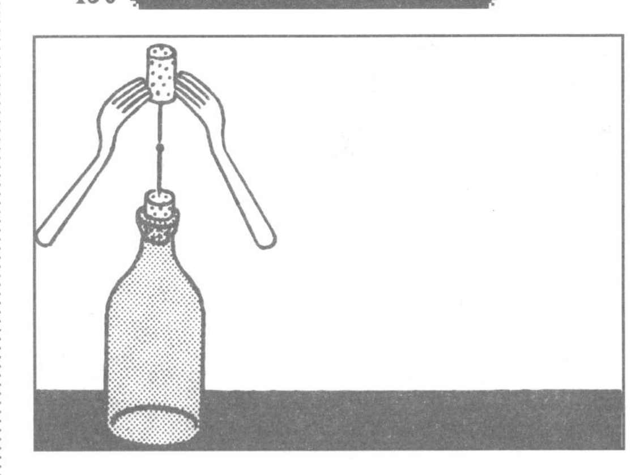

把一根金属大头针的针尖插入一个软木瓶塞中，再把另一个软木塞挖一个小洞，把另一根大头针的针头放进小洞。如何才能使两根大头针对在一起而保持平衡呢？用两把叉子插在上面那个软木塞的两侧，让它们像两只叉开的胳膊，然后把上面的针尖放在下面的针头上。

这个造型的重心由于两侧的叉子的重量，转移到了下面的大头针的头上，因此才出现了平衡状态。

NO.137 鸡蛋陀螺

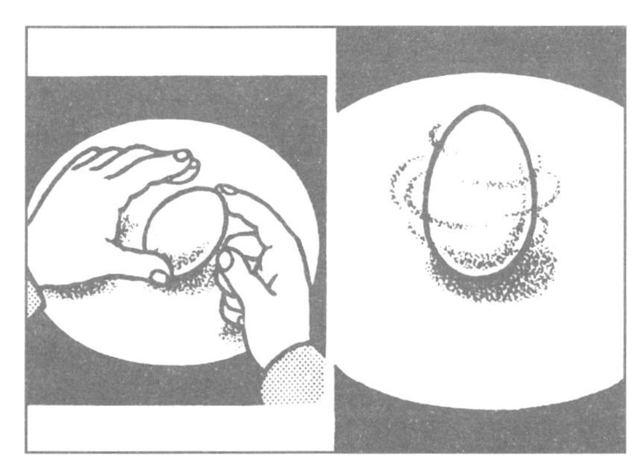

只要把鸡蛋在一个盘子里旋转一下，就可以知道它是一只熟的还是生的鸡蛋了。煮熟的鸡蛋转得比较快，因为它的重心位于下半部，旋转起来可以像一只陀螺那样立起来。

内部是液态的生鸡蛋却无法这样做。由于蛋黄重于蛋白，在位于中心的离心力的作用下，它只能摇晃一下，而无法产生旋转的运动。如果把蛋阻挡一下，然后立刻放开，它就会继续再摇晃片刻。原因就是它内部液体的惯性起了作用：蛋虽然已经停止运动，但里面的惯性却仍然企图继续运动。

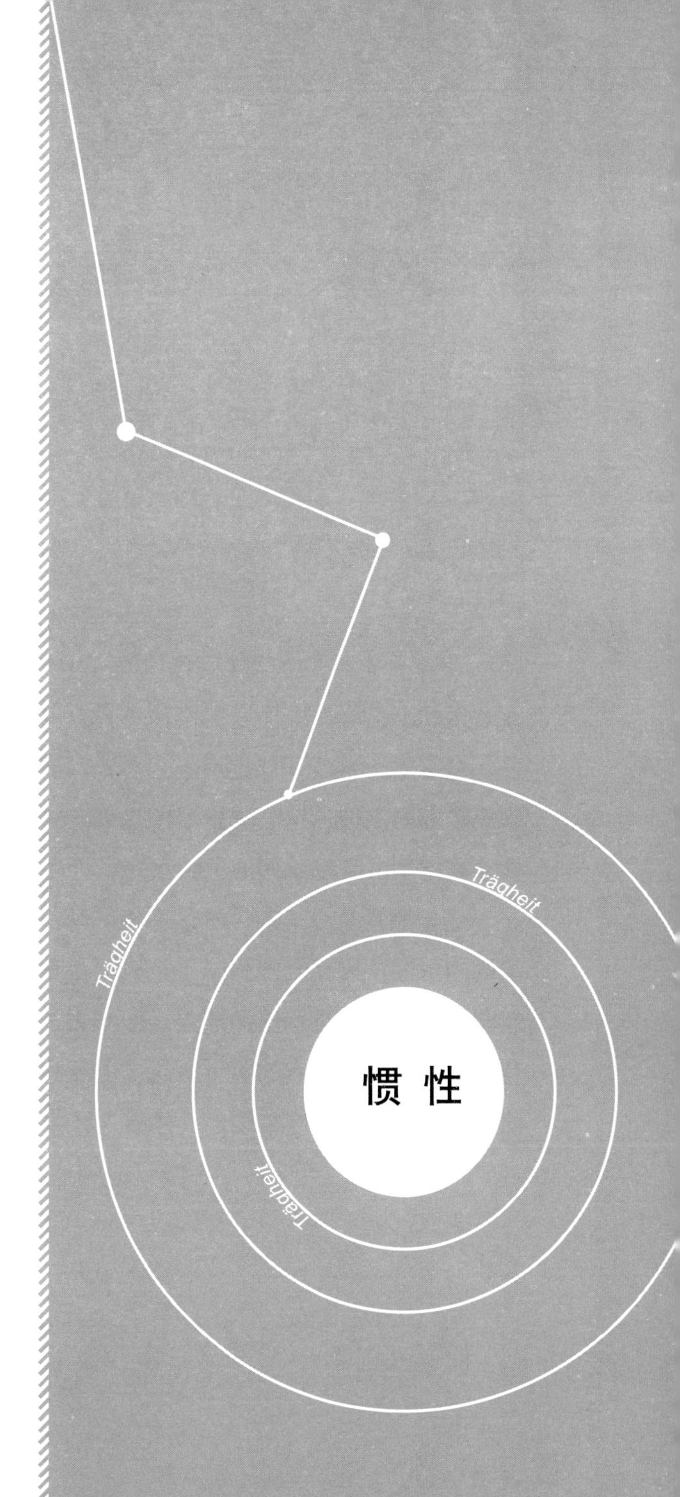

NO.138 鸡蛋的惯性

在一只有水的玻璃杯上，放一块吃早点时用的小菜板，上面竖着摆放一只火柴盒盖，盒盖上面再放一只生鸡蛋。小菜板要伸到桌子外面少许。这时你就可以借助一把长杆地刷把鸡蛋完好无缺地送到水杯中去了。

让地刷直立在桌前，然后你用脚踩一下地刷的木梁：刷柄立即弹向小菜板，小菜板连同火柴盒盖向桌子里面飞去。但鸡蛋却没有跟着它们飞走。它的重量所决定的相应的惯性，让它在瞬间停在原地，并落入杯中。

NO.139 塔中的宝藏

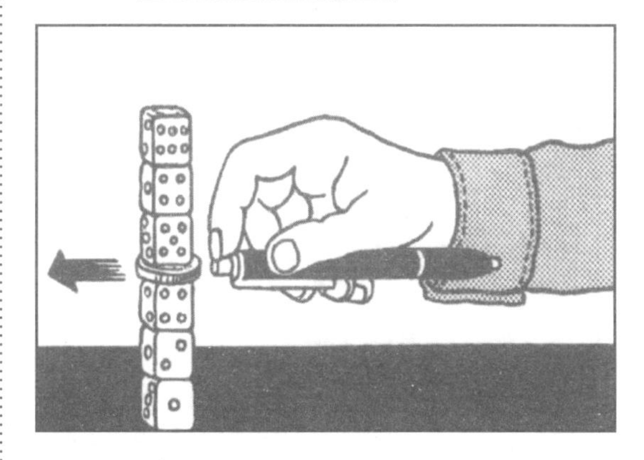

用六只角质或塑料的游戏骰子摞起一座小塔，在它们中间放一枚硬币。塔是摇摇晃晃的；尽管如此，你还是能够不接触也不碰倒骰子塔而把硬币取出来。

取一支圆珠笔靠近小塔，保持一点距离，用手指按住笔上的弹簧，然后松开，弹簧就会把硬币从塔中间弹出去。圆珠笔的螺旋弹簧的运动，闪电般地传递给了硬币，但由于硬币表面光滑而阻力小，所以不会传递给骰子。骰子的重量赋予它的惯性，使它停在了原地不动。

No.140 竖定的铅笔

把一张平整的纸条放在平滑的台面上，将一支铅笔竖着立在上面。你能做到不接触也不碰倒铅笔而把纸条拿掉吗？

如果你缓慢地往外抽纸条，铅笔必倒无疑。但你如果用手指飞快猛敲纸条，就可以获得成功。

每一个物体都有保持其原有的静止或运动的倾向。铅笔对纸条的快速运动进行了反抗，所以停在原地而不跌倒。

No.141 被切开的苹果

用刀切入苹果的肉中，让刀抬起时，苹果能够留在刀上面。然后用另一把刀背敲打切在苹果中的刀。敲几下以后，苹果便会自己分开两半。

意大利的自然科学家伽利莱·伽利略在16世纪曾做过类似的试验。他证明，任何物体都有一种抵制改变它原有位置和运动的力量，即所谓的“惯性”。在我们的试验中，苹果的惯性使它拒绝跟随刀猛然向前运动，它反而朝后运动，直到被切开。

▸▸NO.142 有用的惯性

一个男孩在劈木头，结果一块沉重的木头卡在了斧头上。于是男孩把斧头倒过来，用斧背敲打下面的树墩。他为什么要这样做呢？

由于这块木头比斧头重，因此惯性也比斧头大，具有更大的保持原有运动状态的倾向。同斧头没有反过来之前相比，在劈砍时，木头会以更大的力量朝斧刃的方向前进。如果是一块小木头，男孩以正常的方法劈就可以了，因为这时斧刃的惯性大于木头，所以就能劈入木头当中。

▸▸NO.143 气体的惯性

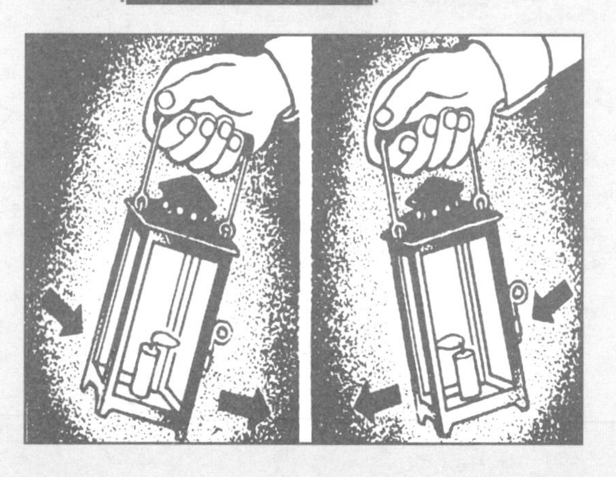

左右摇晃一个封闭式的灯笼，里面的火苗也会从一侧晃到另一侧。但奇怪的是，火苗每次晃动的方向，却和灯摇晃的方向一致，而不像我们想象的那样朝着相反的方向。

由于灯笼中的空气比火苗中的气体冷一些，也就是重一些，所以它的惯性也更大。就像是容器中的液体，在摇晃时总是贴在边缘一样，灯笼中的空气也把自己贴在同运动相反的一边，于是就聚集在一边，而火苗则每次都倾向于空气稀薄的一边。

NO.144 纸桥

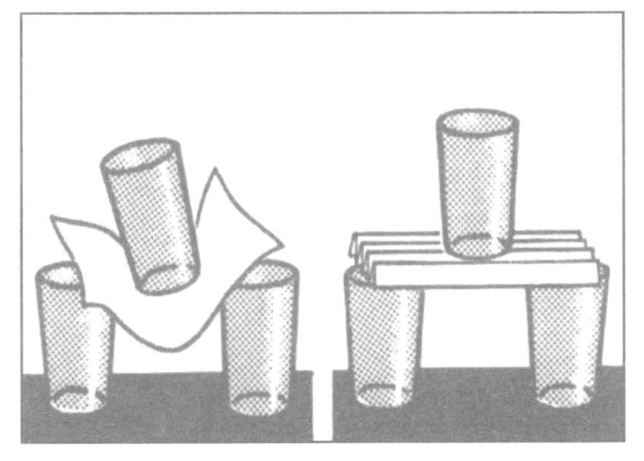

把一张纸当做桥搭在两只水杯中间，上面再放第三只杯子。哎呀！这座桥承受不起。但你如果把这张纸折叠起来，却可以承载玻璃杯的压力：压力分散到了多个斜放的纸墙之上。

纸墙折叠后有了合力，因而比平面的纸具有更大的承受力。在工业生产中，把板材和片材进行圆形或方形改造，其稳定性便大大提高——比如瓦楞铁皮和瓦楞形纸板。

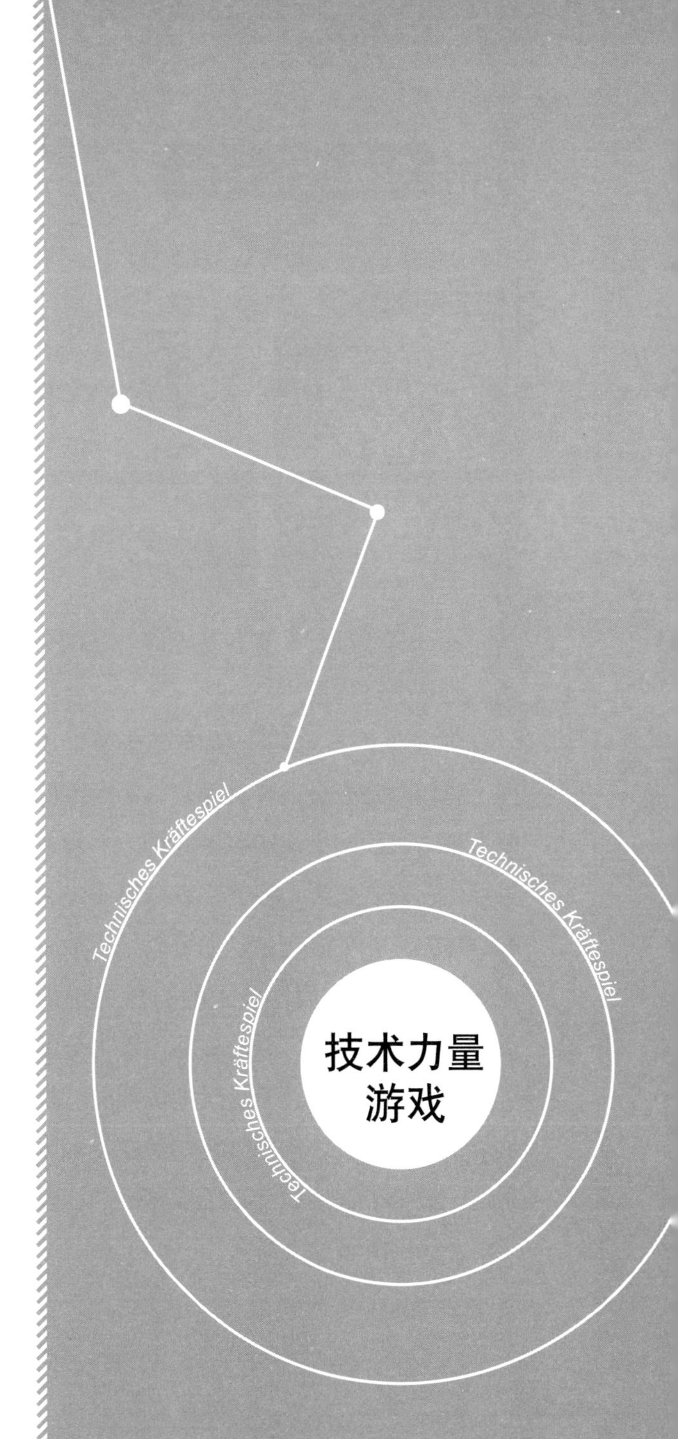

NO.145 蛋壳的稳定性

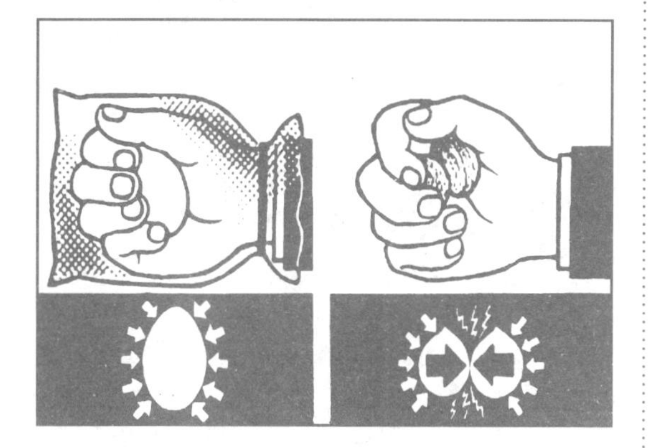

用一只手捏什么更容易捏碎？是两个核桃，还是一只鸡蛋？

你先试一试把两个核桃握在手里用力捏。它们的外壳会很容易破碎，因为手的杠杆力集中到了两个核桃接触的地方。现在你再握住一只生鸡蛋，但要注意蛋皮上没有破裂的地方。为小心起见，你可以把手放入一只塑料袋中，然后用最大的力气去握那只蛋。在这种情况下，手的杠杆力平均分散到了鸡蛋的各个方面，不足以把蛋捏碎。拱形是最稳定的形状，人们已经知道在技术中利用这一优势了，例如修建桥梁和拱门，设计汽车、飞机或者安全帽盔。

NO.146 把香烟打个结

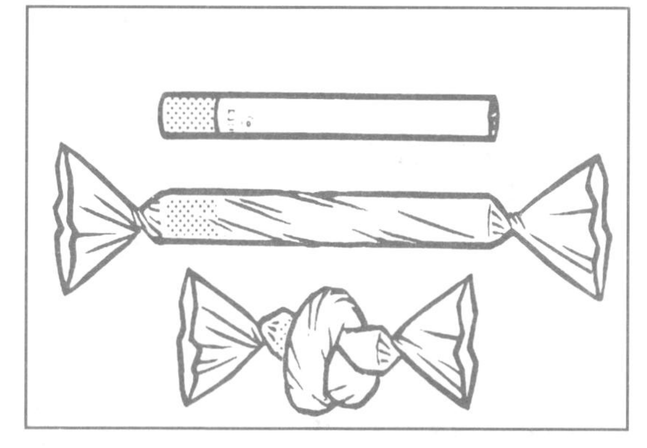

征求成年人的同意，把一支香烟卷在包装用的塑料纸中，把两头拧死。然后你就很容易把这支香烟打一个结，而不至于把香烟扭断。

而如果没有外面的塑料纸，香烟立即就会被扭断，因为香烟中的烟丝，会在压力最大的地方把烟纸弄破。但包上塑料纸以后，由于卷得结实，所以它的压力分散到了整个香烟的长度上。把结打开并把塑料纸展开以后，只需把香烟抹平就可以了。做这个试验，最好拿一支较长的香烟。

No.147 神奇的线轴

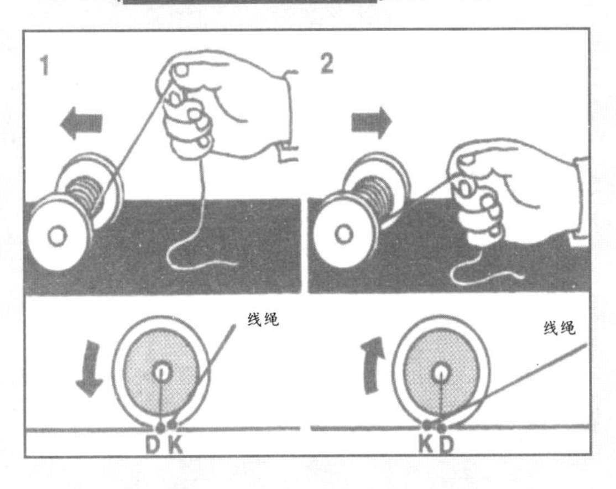

一个线轴滚走了，只留下了一根线头，拉这根线头，能够把线轴拉回来吗？答案是令人吃惊的：把线头朝上拉，线轴将继续滚走（图1）；如果靠近地面拉线头，线轴则会朝你滚回来（图2）。

想知道线轴的不同旋转的道理，必须首先想到，它的转轴D（见图）并不处于中间，而是在接触地面的地方。力量K的着力点，是在线团的延长线上，通过杠杆作用围绕转轴运动。在第一种情况下，K在D的前面，所以线轴向后滚动，而在第二种情况下，K在D的后面，线团自然向前走。

No.148 切不断的纸

将一把刀放在一张对折的纸中，并把刀刃面向纸折处。你可以用这把穿着纸的刀切土豆，而纸却不会切破。

纸随着刀刃切入土豆。刀刃对纸纤维的压力，得到了土豆的反压力。纸所以不会被切破，因为土豆比纸纤维软。即使是切一个未熟的果实，纸的纤维也能够经受得住。但如果切土豆时你把刀上面的纸捏住，那就将缺少反压力的平衡，纸就会被切断。

▸▸NO.149 不断增加的摩擦力

一个男孩把花园的一半草坪浇完水后，想把水管拉到花园的另一半去浇灌草坪。他开始时很容易拉动水管，之后则每走一步就要使出更大的力气，直到最后，一点也拉不动了。这该如何解释呢？

男孩每走出一步，水管拐弯处后面装满水的管道就会长一段，而它的重量也就相应增加。随着这段水管的重量的增加，水管和草坪接触的面积也相应扩大，男孩就必须要额外用力来应付草坪不断增大的摩擦力。

▸▸NO.150 千百根杠杆

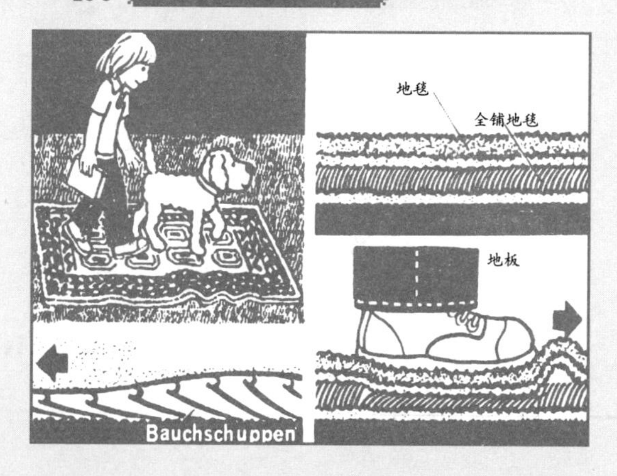

会飞的地毯只存在于童话中，但会走的地毯，却存在于现实之中，特别是当两块地毯叠在一起的时候。下面那块地毯的绒面，由于特殊的编织方法，所以线头都朝着一个方向，当它接触到另一块地毯的背面，人走在上面时，所有线头就会偏向一边。每个绒线头，都发挥着一根杠杆的作用，它们的合力就会把上面的地毯移动一个绒线的距离。

蛇的爬行也是按照这个原理。蛇肚皮上长长的鳞甲，相继由前向后移动，抓住不平坦的地面，推动着身体向前运动。

NO.151 旋转的玻璃弹球

把一个玻璃弹球放在桌子上，用一个果酱瓶口朝下把球扣上。你不必把瓶子反过来，就可以随意把瓶中的球移走，这怎么可能呢?

你可以转动杯子让里面的球旋转起来。这时候球被离心力压到了瓶壁上，并产生要突破旋转轨道外逃的倾向。所以当你一边转动杯子一边拿起杯子时，球会紧贴在瓶壁上快速地旋转，而不会掉下来。

NO.152 变形的金属

把三枚硬币在桌子上排成一列，让其中的两枚碰在一起。用拇指使劲按住中间的一枚，然后把稍远一点的硬币向它们弹过去。最前面的硬币被弹了出去，而中间那一枚却没有改变位置。

固体都具有或多或少的弹性，这可以从把钢做成弹簧上得到验证。在我们的试验中，中间那枚硬币受到冲击时，发生了我们肉眼看不到的收缩，并在瞬间朝相反的方向扩张，然后立即恢复了原有的形状。通过金属的弹性扩张，冲击力被传递了出去，于是把最前面的硬币弹了出去。

NO.153 有弹性的冲击

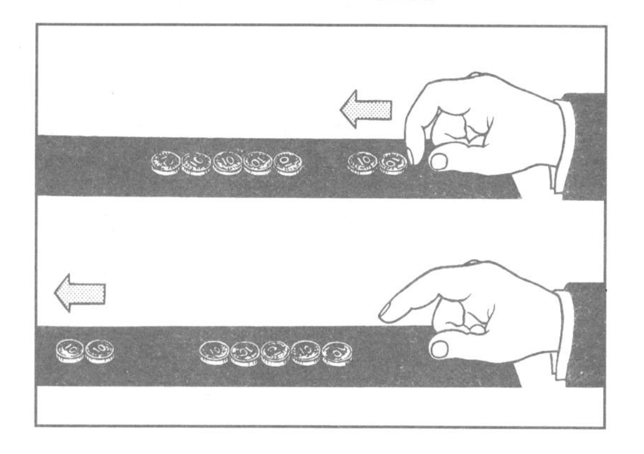

把数枚硬币紧挨着排成一列，让它们相互接触。在它们延长线上的一段距离之外，再放一枚硬币，然后用手指将这枚硬币弹向那列硬币，会发生什么呢？你会看到另一端最前面的一枚硬币滑了出去。如果用两枚硬币重复这个试验，把它们弹出去，这次前面就会有两枚硬币滑走。你还可以用三枚硬币试验，那么前面滑走的将是三枚硬币。

这个试验表明了各种物理定律：硬币相碰，出现了弹性的冲击力，这种力量会在同样材料的物体中继续传递，就像在这个试验中前面被冲击的硬币那样。手指弹出的力量只决定前面硬币滑出的速度和距离，而与滑出的数量无关。

NO.154 发声的酸奶杯

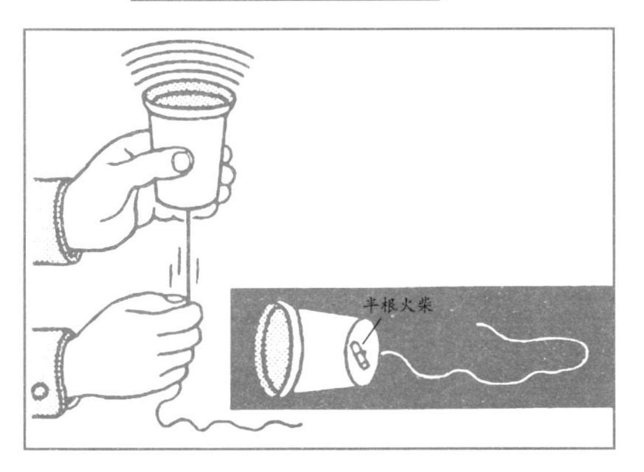

在一只空酸奶杯底穿一个孔，把一段线穿进去，然后在里面用半根火柴横着把它固定住。线上抹上蜂蜡（用蜡烛即可），然后用拇指和食指去摩擦它，它就会发出吱嘎吱嘎和嗡嗡的响声。

发粘的蜡在手指抽动中摩擦。这个压力差别传递到了杯底，杯底像薄膜一样发生震荡，并在空气中产生声波。缓慢摩擦，声波亦缓慢低沉。快速摩擦，声波即会短暂间歇，从而发出高音。

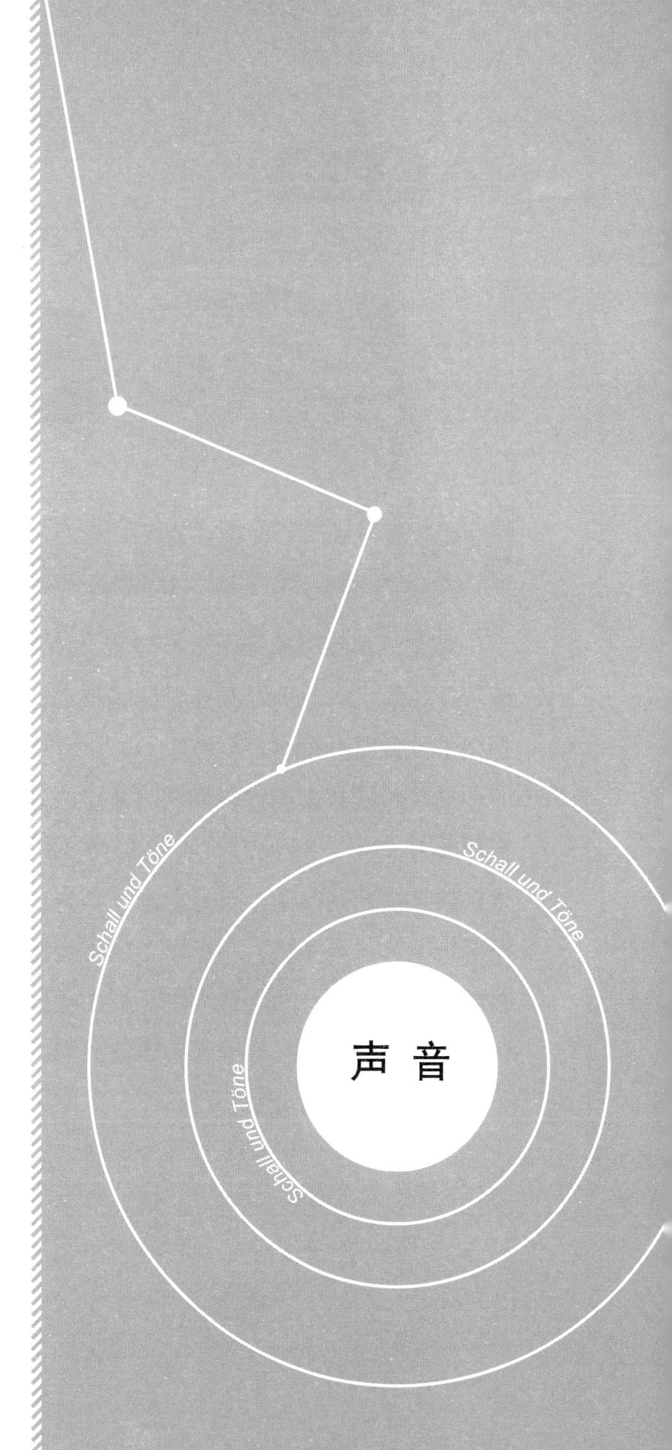

No.155 水风琴

在一只薄壁玻璃杯中装半杯清水。手指蘸着杯中的水，然后轻按杯沿缓慢移动。于是杯子就会发出颤动的声音来。

这个试验只有当手指潮湿时才能成功。当手指在杯沿上运动时，会出现微小的冲击。玻璃杯开始抖动，于是发出了声音。如果手指上有一点油腻，在杯沿上就不会出现必要的阻力。声音的高低取决于杯中水的多少。杯子的振动在空气中产生声波，它同样可以清晰地传递到水面上。

No.156 会唱歌的玻璃杯

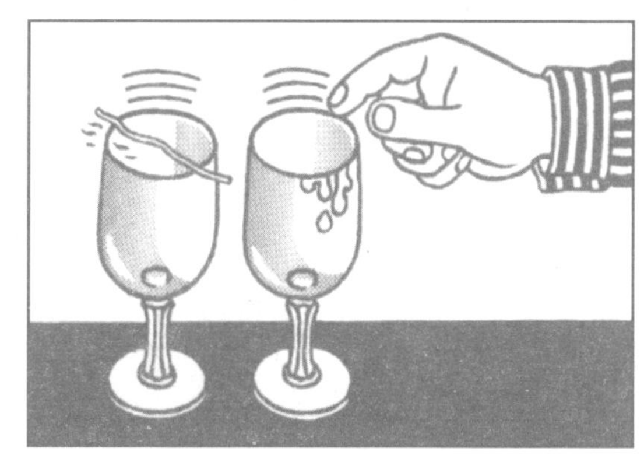

把两只薄壁葡萄酒杯并排摆放在桌子上。用肥皂把手洗干净，然后用潮湿的食指，缓慢地顺着一只杯沿运动。这时就会发出一种响亮而美妙的持续音响。

手指摩擦玻璃杯，玻璃杯会受到微小的冲击，开始颤动，并波及周围的空气，但奇怪的是，声波还会传递到第二只杯子上，在第二只杯上搭一根细铁丝可以印证这一点。这种“跟唱”现象之所以会出现，是因为两只杯子在受冲击时有同样的音高。如果音高不同，可以用往杯子里注水的方法进行调节。

NO.157 纸膜

把半截火柴的一头削尖，另一头劈开。把一张平整的白纸竖着插入火柴劈口处，然后把火柴尖头竖着放在旋转的旧唱片上。喇叭可以通过白纸同样传出清晰和有力的音乐来。

火柴尖在唱片沟纹中移动，把振动传递到白纸上，这和唱片针头向老式喇叭形留声机的薄膜传递振动是一样的。纸的振动变成声波，通过空气传入鼓膜。

NO.158 传音至耳朵的导线

将一把尽可能全金属的叉子拴在一根约一米长的线的中间。把线的两端分别缠在双手的食指上，缠绕多圈，插入耳朵，然后让叉子碰到坚硬的物体上。等它垂下把线拉直时，你就可以听到敲钟似的响声。

通过敲击，金属就会振动，就像音叉一样。这时候，振动不是通过空气，而是通过线和手指传递到耳膜上。声音不仅可以通过空气，而且可以通过一切固体、液体和气体进行传播。

（音叉：是呈“Y”形的钢质或铝合金发声器，常用于耳聋性质鉴别和钢琴调律。——编者注）

No.159 低音笛子

取一张正方形白纸，剪下一角（见图）。与它相对的纸角剪两个开口。把纸按箭头方向卷成一个纸管（卷时可借助一支铅笔），把剪口的纸角轻轻按向开口。然后你通过纸管深深吸气，就会发出低沉的轰鸣声。

涌进纸管的气流，把纸角吸住，但由于它很轻和有弹性，所以开始振动，在空气中造成了声波。声波每秒钟振动的次数，我们称为声波"频率"。由于这里的声波频率比较低，所以我们只能听到低沉的声音。

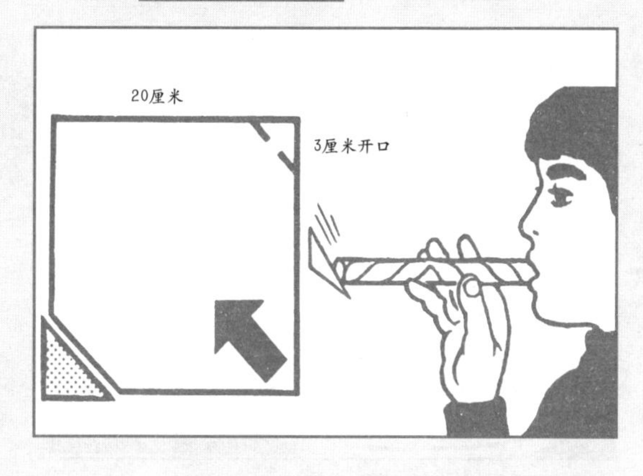

No.160 高音和低音

参观汽车比赛时，一辆向我们驶近的汽车，马达会发出高亢的嘤嘤的声音，而驶过我们的汽车的马达却发出低沉的嗡嗡声。这种不同的音高是如何产生的呢？

从马达传播出来的声波，速度是一样的。赛车疾驶在声波后面，声波在车前受到挤压，因而波与波之间的距离（即波长）变得小了，也就是说，其频率（每秒钟的声波振动次数）提高了，所以我们听到的是高音。汽车驶过之后，情况完全相反，我们听到的是车后面的声音：声波之间的距离加大，频率减弱，声音也就低沉了下来。

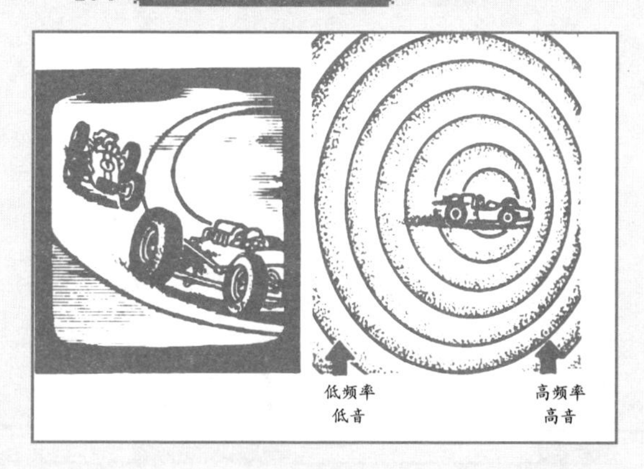

No.161 看不到尽头的景象

拿一把小镜子放在两眼中间，让双眼都能看到你前面的一面较大的镜子。两面镜子处于平行的位置，你就可以看到一条无尽头的镜中镜，就像是有一条镜子走廊，向看不尽的远方延伸。

鉴于一面镜子的玻璃表面并不完全无色，而是稍有一些绿色，所以每次反射都会有部分光线被吞噬。因此越深远的图像也就越阴暗和模糊不清。

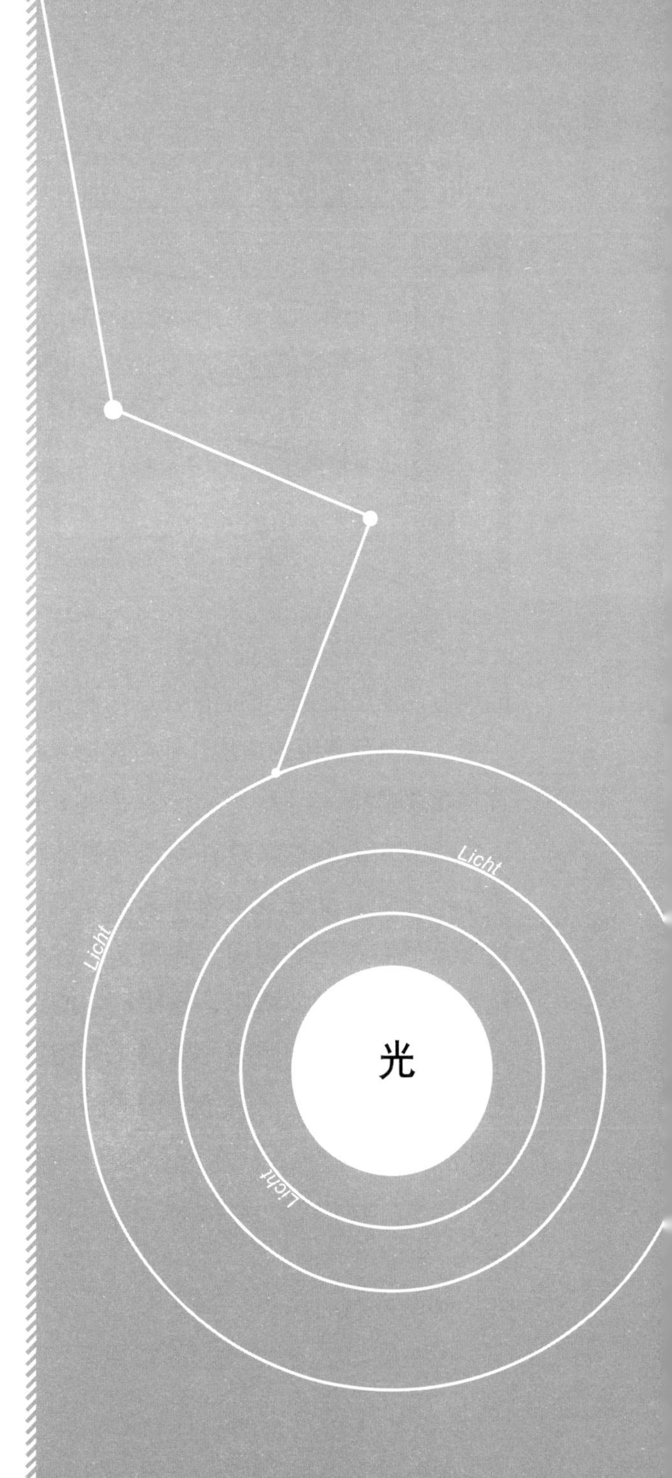

NO.162 光线在镜中的行走距离

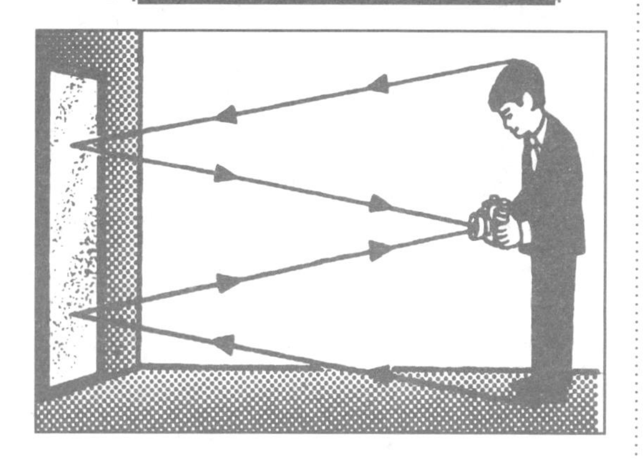

一个男孩站在一面大镜子前面约3米远的地方，他想把镜子里面的自己用照相机照下来。为得到清晰的照片，他应该把焦距定位在多远呢?

男孩所看到的影像并不是一幅贴在镜子上的画像，而是镜子为他制作的幻影。这个影像在镜中的距离，和男孩在镜外的距离是同样远的。所以，光线行走的距离是男孩与镜子之间距离的双倍，照相机的光圈就应该定在距离镜子双倍的距离上，即6米的地方。

NO.163 幽灵之火

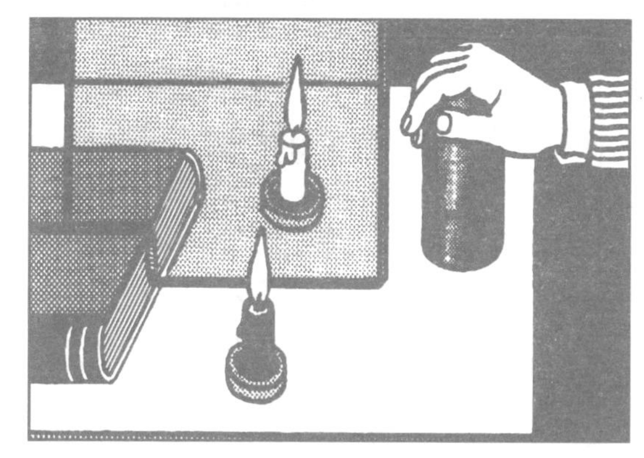

从镜框上取下一块玻璃，借助书本把它立在桌子上（见图）。在玻璃前面放置一支红蜡烛，玻璃后面同样的距离放置一支同样大小的白蜡烛。现在——从前面看——白蜡烛和红蜡烛的影像恰好重合，你现在就可以开始进行这个“魔术”试验了。当你把红蜡烛点燃时，你会看到白蜡烛蜡芯上会同时出现火苗。取一只火柴，放在白蜡烛的“火苗”上——它当然不会燃烧，因为那只不过是一个幻影。然后你用一只玻璃杯扣住红蜡烛，其火苗会因为缺氧而逐渐熄灭——这时你看，玻璃后面白蜡烛的火苗也会同时熄灭。

NO.164 道路上的小海市蜃楼

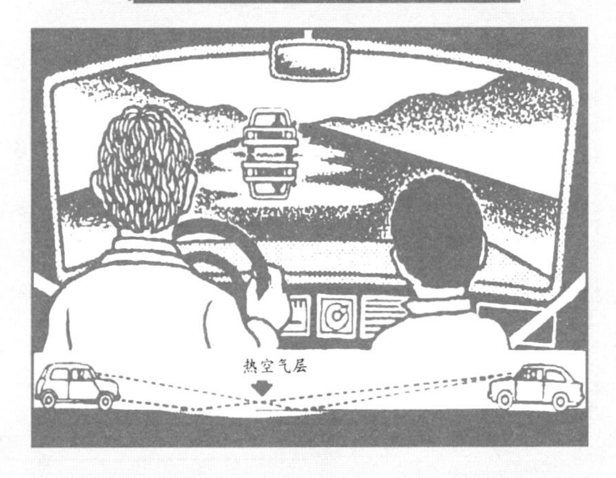

天气热的时候，柏油路上会出现反光的幻影，和水面极其相似，这种现象是怎么产生的呢？

深色的柏油，会吸收阳光并发热，然后在接近路面的地方形成一个稀薄的热空气层，它的透光度低于上面的较凉爽的空气。一旦阳光斜着从较高密度向较低密度物质射去，它就会全部反射回来。这时就会出现一个小规模的大自然景观，类似在沙漠中出现的海市蜃楼。刮风的天气，这种幻影较少，因为热气层会被风吹散。

NO.165 不透明的车窗

驾车出游，在一条林中小道上休息的时候，孩子们从车窗看到外面有一只小兔子从树丛中跳出，一点都不害怕地在车旁吃草。他们感到很奇怪，难道小兔子没有看见车里有人吗？

确是如此，如果一只小兔子距离汽车这么近，那它从下面就只能看到车窗玻璃反映的天空和树木的影像，而看不到车内的人。由于车内较外面暗，车内人的影子，被反映在车窗上的明亮的图像所掩盖。光线射在玻璃表面的射入角度很大，使得同样大的反射角度，几乎全部反映在动物的眼睛里。

NO.166 小魔术：硬币被水给"融化"了

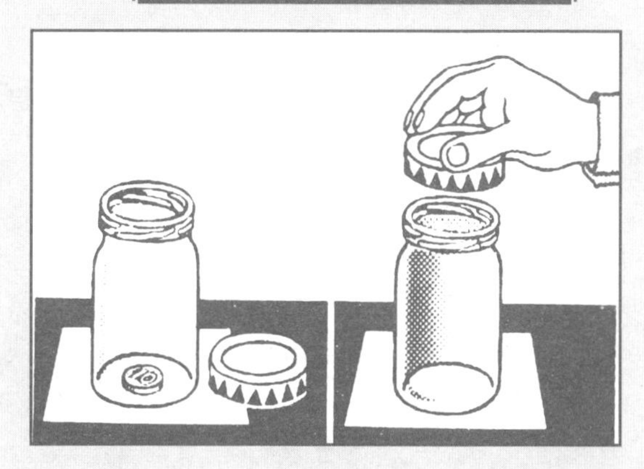

在一张浅色的纸片上放置一个空果酱瓶。我们可以看见里面放着一枚硬币。把瓶子灌满水，硬币就不见了，好像是被水溶解了一样。要达到这个效果，是有窍门的。

窍门是：硬币根本就没有放在瓶中，而是放在了瓶子拱形的底部。光线通过瓶底把它反映到我们的眼睛里，让我们相信，硬币确实是在瓶中。瓶子注满水后，光线无法再穿过瓶底，而是在瓶底遭遇一个水下折角向下反射过去，从而形成了一个水银状的镜面。我们最多可以从正上方看到硬币，但上面却盖着瓶盖。

NO.167 月晕是怎么形成的？

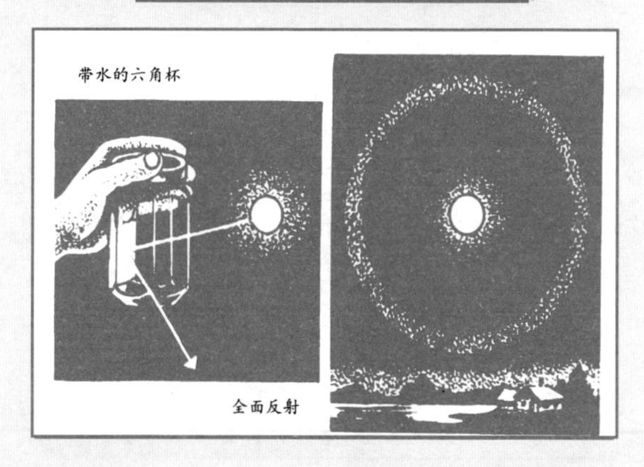

在晴朗的夜空中，我们有时能够看到月晕，即月亮周围的大光环，这个现象是怎么形成的呢？

月光透过大气中六角形冰凌组成的薄云抛向地球，但只通过六角形的一面完全反射。我们所看到的，是以光环形式所反射出的无数幻影。在晚上，我们也可以通过结霜的窗子看见点燃的灯笼周围有这样的小光环。

我们可以做一个试验：取一只装满水的六角形蜂蜜瓶子，把一边对准月亮！这时你就可以看到——和冰凌一样——在瓶子的内部的一面上出现月光的全部反射。

No.168 做一个万花筒

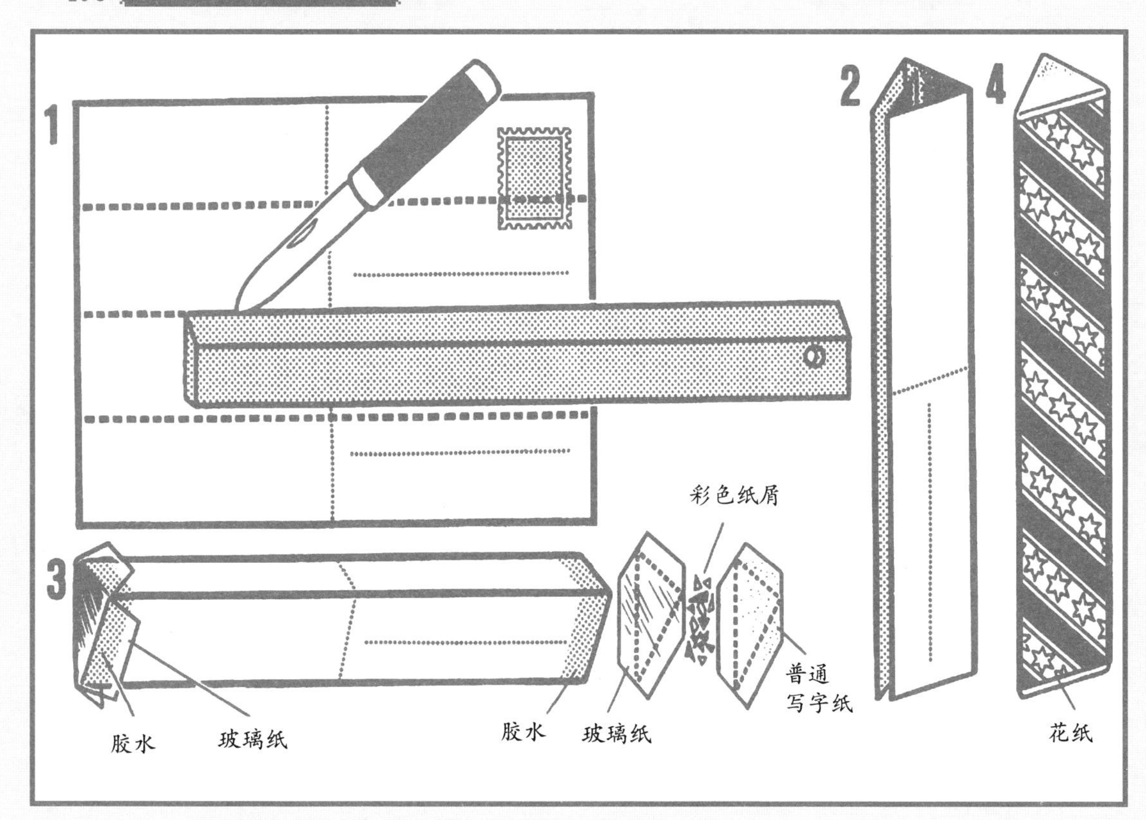

取一张光滑的明信片，在写字的一面竖向画出三条虚线将明信片分为 等分的四部分。用刀尖把虚线浅刻一下，然后画面朝里折叠起来，形成一个三角的纸管。两端的开口处用透明玻璃纸封死。在一端的玻璃纸外面再贴上白纸，白纸和玻璃纸之间放入彩色纸屑，让它们在里面可以运动自如。

这时，在纸管里就会出现星状图案，用手指弹敲纸管，里面的图案就会发生变化。三面光滑的明信片等同一面镜子，可以多重反射彩色纸屑的图像。

NO.169 反光的针头

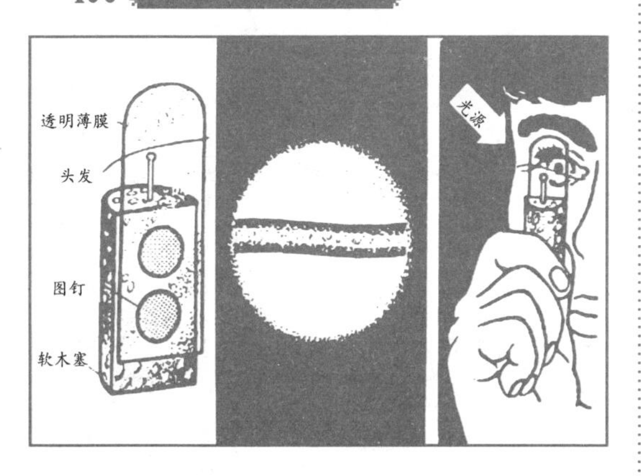

取一根带有光滑针头的大头针，把它插入一个被竖着切成两半的软木塞中，在切面上贴一条透明薄膜作为护眼膜。在灯光下，把眼睛靠近针头，观察上面的微小的反光点，它就会变成一个盘子大小的光环。把一根头发贴在透明薄膜上，它在光环中会变得手指一般粗细。

针头这时就像是一个凸面镜。照在上面的光线被加宽，并以相当的面积反射到眼睛的虹膜上。

NO.170 影子游戏

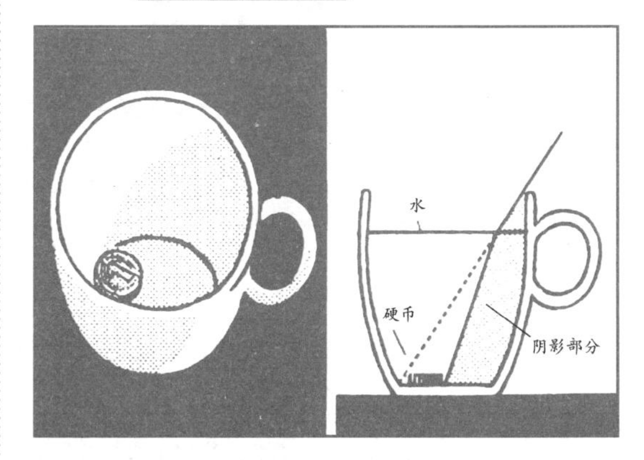

把一枚硬币放入茶杯中靠边处。把茶杯放在光线斜照的地方，让杯壁的阴影正好遮住硬币。如何才能把硬币从阴影中解放出来呢？不许移动茶杯和硬币，也不许借助一面小镜子。

办法十分简单！就是让光线折射到硬币上去：在杯中注满清水，阴影就会向里回避。因为光线射在水面上就不再走直线了，而是向下转折前进。

NO.171 会弯曲的光导体

通过柔软而细的玻璃或塑料的光导纤维，可以传播光线和传递图像。光导纤维在工业、宇航和医学上都有广泛用途——我们常见的玩具“光纤喷泉”就是运用了这个原理。

来自光源的光线，通过弯曲的导线时，只走曲线，因为它总是全面反射。

我们做个试验：用一支笔形手电筒（装在一个密封的塑料袋中），打开开关，插入装满水的喷壶嘴中。当你在黑暗中浇水，喷壶喷出的水流就会闪光。这是因为部分光线通过不平的水面反射到了外面。弯曲的水流接触地面时，还会显现一个光痕。

NO.172 银色的指纹

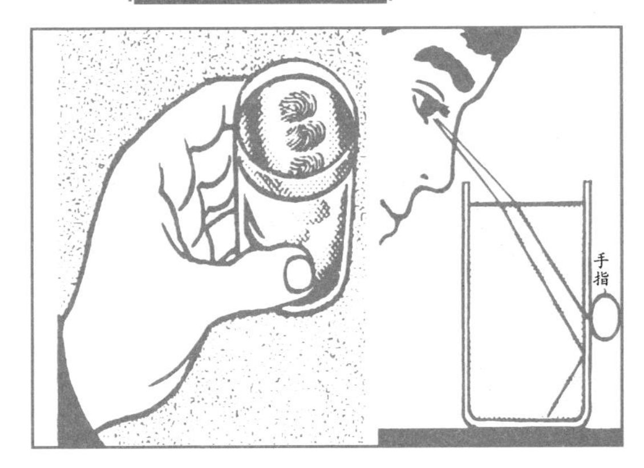

用手拿起一玻璃杯清水，从上面往里面看。你可以在侧旁的反光玻璃壁上，看到手指肚上凸起的指纹；而指纹上的凹槽，却闪着银色的光芒。

为什么看不到整个手呢？

照向皮肤表面的光线，途中穿过水和玻璃杯时发生了折射。然而，来自光密度较大的水和玻璃杯的光线，和前往密度较小的空气的光线所形成的射入角中，光线的进程却不是这样。这些光线反射回水中，并在外面有空气的地方产生反射光芒——同样反射在皮肤凹槽中。

NO.173 三维图像的秘密

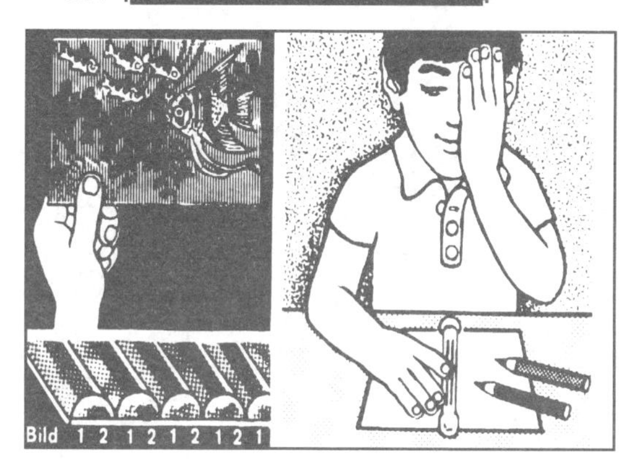

三维明信片上活灵活现的图像是怎么形成的?

秘密就在于用透明塑料制成的细小、直立的波纹。两张从不同角度摄制的图片进行适当安排，让两幅图片的各一张薄膜置于每个波纹下面。在观察时——通过特殊的光折射——使每只眼睛只能看到一幅画的一部分，而图片的无数条纹合在一起则形成了一幅立体的图像。

我们做一个试验，就可以让这个原理显现出来：在相距2毫米的地方画两条不同颜色的垂直线，把一支透明的玻璃管放在线上。顺序捂住一只眼睛：每只眼睛只能看到一种颜色的线条。

NO.174 译码机

如果你想用密码写一封信，那就请使用图中的字母表，把反写的字母写在纸上。

收信者只需要一支搅拌鸡尾酒用的透明玻璃（或塑料）圆棒，就可以揭开密码的秘密。他可以平拿着圆棒距离字母约1厘米的地方，通过光的折射，反写的字母就会再次反过来，变成可读的内容。

No.175 被俘获的光

沙滩上的潮湿沙粒，看起来比干燥沙粒的颜色深些，这是怎么回事？水不是无色透明的吗？

沙子由石英颗粒组成，它光滑的表面朝各个方向反射光线，所以，干燥的细沙几乎是白色的。但在潮湿的沙粒中，部分光线却被颗粒周围薄薄的水层所吞噬。所有从这样的沙粒表面反射的光线，都将折射到水和空气的结合部，从而又返回水中。也就是说，只有直射到这个结合部的光线才能被眼睛接受，此外，那些已在水面之上反射的光线，还会产生闪光。

No.176 穿透毛玻璃的目光

一名侦探告诉你一个秘密，如何穿透毛玻璃观察里面的情景：把一个透明的胶条贴在毛玻璃上，用手指甲把它抹平，这个地方就变得透明了。

用氢氟酸腐蚀并用金刚砂打磨的粗糙的玻璃表面，会把射来的光线向四方散射出去，所以我们只能看到玻璃后面模糊不清的影像。而胶条把不平坦的玻璃表面填平，这样，光线就可以像通过透明的玻璃一样平行射入，在眼睛的虹膜上也会形成清晰的影像了。

NO.177 折断的铅笔

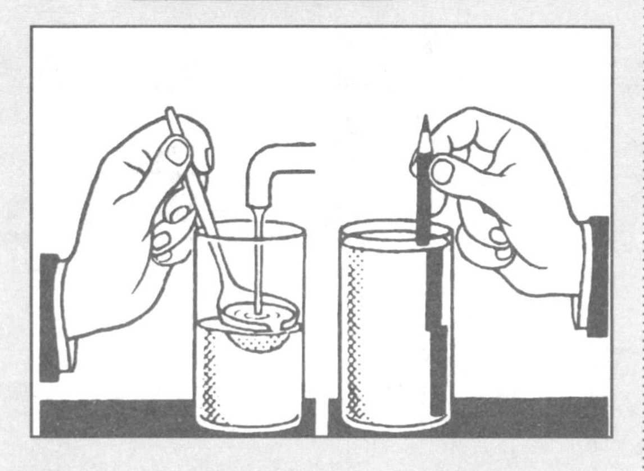

把一小调羹的食盐，放入装满清水的杯中融化，大约5分钟之后，把这一调羹透明的盐水倒入一只细长的玻璃杯中，然后再小心地用一把汤勺往玻璃杯里加满自来水。然后把一支铅笔靠着杯边放入，垂直或倾斜均可，这时你就可以看到铅笔被折成三段。

插入的铅笔反射的光线，在进入水中时，会被折射成一个固定的角度。而在盐水中，光线的折射角度要更大一些，因为盐水比清水的透光密度大。

NO.178 被缩短的调羹

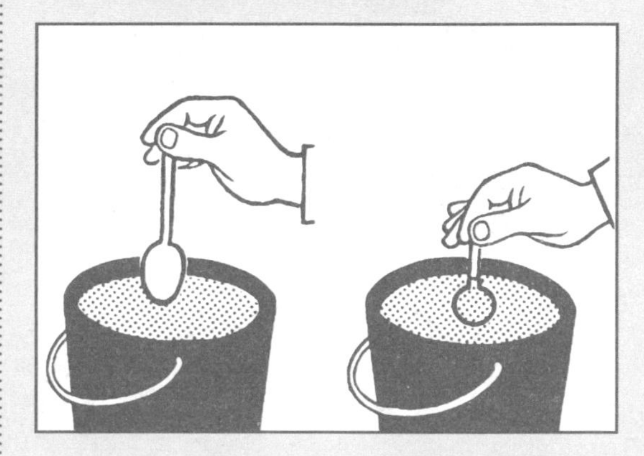

平行看一只装满水的水桶水面，将一把调羹垂直插入水中。水中的调羹，一下子就变短了，这是怎么一回事？

这个错觉的产生，主要是因为被插入水中的调羹所反射的光线，不是以直线的方式进入眼帘的。光线在水面上被折射成为一个角度，所以才看到调羹的尖端比实际大大靠上。水域的水由于光的折射，看起来总是比实际深度浅很多。印第安人对这一点就知道得很清楚。他们用箭或矛在水中捕鱼时，总是向更深的地方瞄准。

No.179 可见的气旋

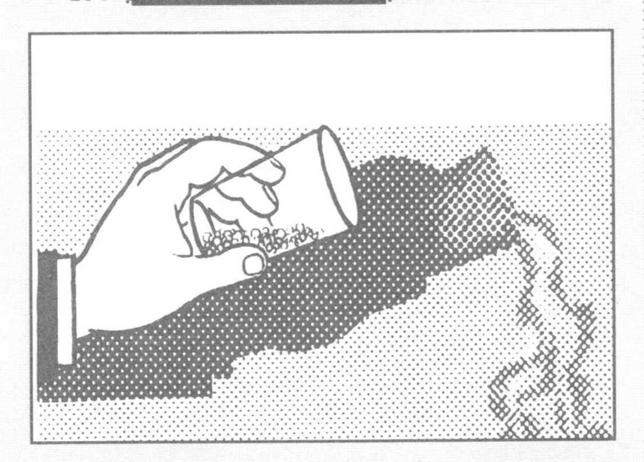

向一只杯中注入少许碳酸氢钠和食醋，就会产生二氧化碳。这种气体一般情况下是看不见的，但你却有办法可以让它现身：把杯子在阳光下白色的背景前倾斜。由于它重于普通空气，你就可以看见这种气体以深浅相间的纹影状态从杯中流淌出来。

二氧化碳的光密度和空气不同，光线在穿入时被气团所折断。墙壁上显现的浅色气旋，出现在光被折射时所导向更多光线的地方，而深色气旋则出现在光线被偏引的地方。

No.180 光的游戏

在一个黑暗的房间里，用带有反射灯泡的灯照射白色的墙壁，在灯的前面放置一个放大镜。这时你就可以把各种图像反映在墙壁上了：白炽灯泡上的字迹，以及一切放在灯前的物体，都会被放大反映在墙壁上。把一张幻灯片卡在一个纸框里，靠近灯，就可以看到它的放大效果。

被放映的物体、镜头和屏幕之间的距离必须调整到墙壁上的形象清晰的程度。图像可以放大，也可以缩小。其原理和电影放映机或幻灯机类似。

NO.181 波纹干扰图形

在高速公路的行驶中，观察桥梁栏杆，会出现时黑时白的图案，它是怎么产生的呢？由于栏杆距离眼睛的远近不同，所以栏杆之间的距离看起来也就不同。有时栏杆前后排列，有时又并行排列，有时正好看见栏杆的间隙，结果就会以不同的节奏在眼前出现不断变换的景色。这种图案称之为波纹干扰现象，当上下两根线条的距离或角度不相符合的时候，就会产生这种现象，例如窗纱的折叠处、报纸图片的凸版上、两把不同的梳子放在一起左右移动时。在电视中也会出现波纹图形，如果线条同步受到了干扰。

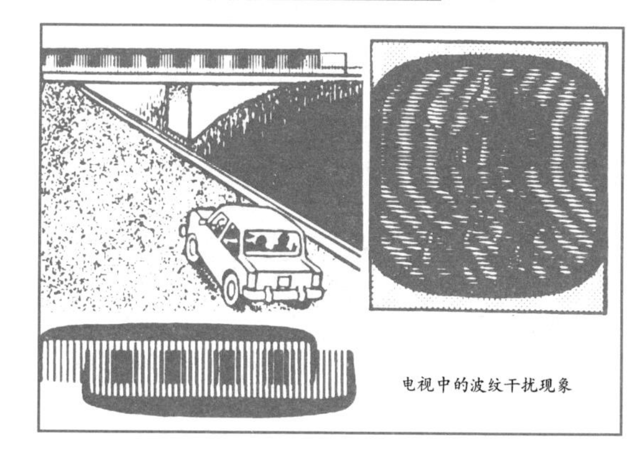
电视中的波纹干扰现象

NO.182 阳光聚合器

用铝箔做成一个漏斗，把一个手指套进去。你如果把手指指向中午的太阳，很快就会感到手指发热。阳光被光滑的漏斗壁反射到有手指的中轴上。如果把手指插进手电筒的灯碗里，太阳光会使你难以忍受。阳光在这里集中在原来安灯泡的焦点上。这里的热度甚至可以达到轻易点火的程度。

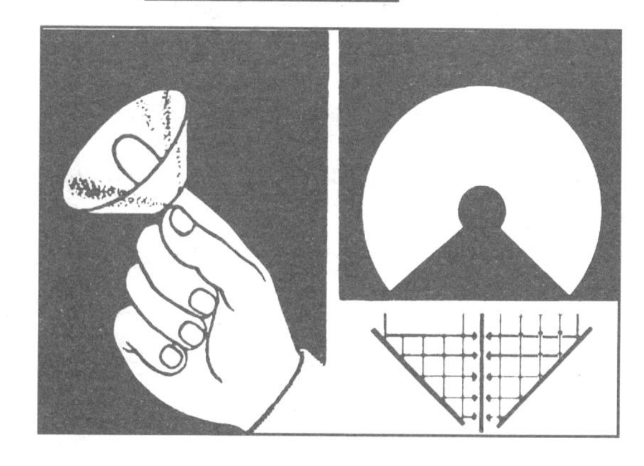

NO.183 太阳涡轮机

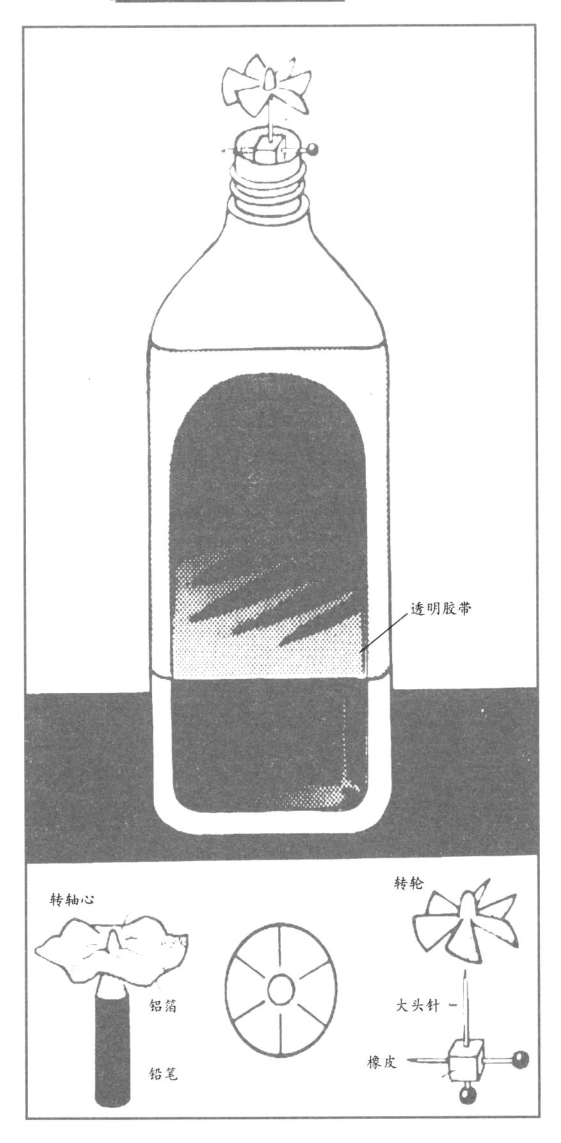

把一只大塑料瓶的一侧剪开，里面涂上黑色的胶化颜料，用透明胶带贴在剪开部分的上部。用一块硬币大小的铝箔制成一个涡轮，用一支铅笔把铝箔中心戳成一个旋转中心。把涡轮剪成六瓣，折成螺旋桨样式，然后用两根大头针和一小块橡皮安在瓶口处，使其易于旋转。然后把瓶子剪开面对向太阳，于是小涡轮开始不停地旋转起来。

这里的太阳能转变成为动能，因为瓶中的黑色面积强烈地吸收了阳光，使里面空气的温度大大升高。空气从而开始膨胀而变轻，升到上面，推动了涡轮的转动，而冷空气则向下流动。

NO.184 光线风车

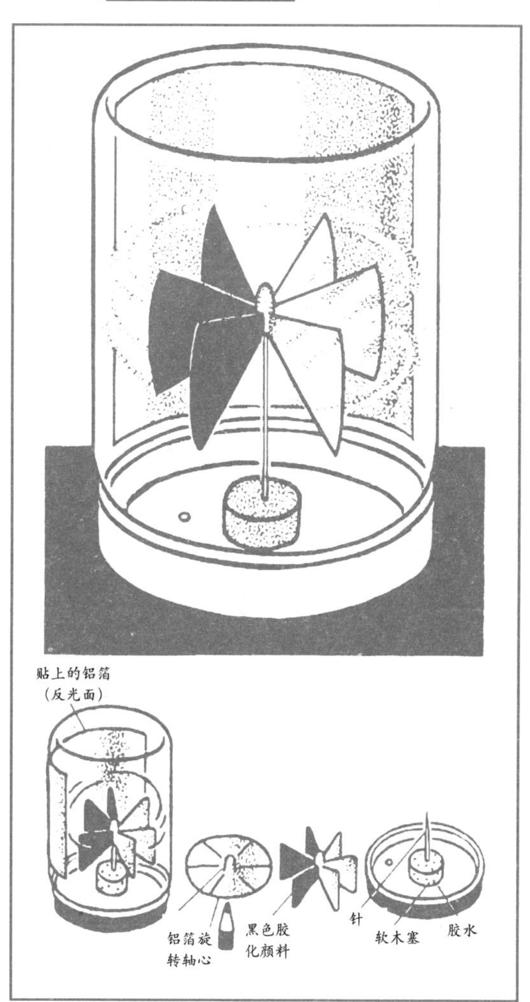

图中这个风车在太阳下旋转，是因为它的浅色叶面反射阳光，而黑色叶面吸收光线的缘故。每个叶面所受的热度不同，故而旋转起来。

用铝箔做成风叶：用平整的铝箔剪成直径5厘米的圆盘，在中心点用铅笔尖戳成旋心，在圆盘上均匀剪开六个缺口，让风叶形成铲形。风叶光滑的一面必须朝着同一方向，粗糙的一面则涂上黑色胶化颜料。然后，把风轮用一根针固定在一个果酱瓶中：把针插在一小块软木塞上，把软木塞粘在果酱瓶的铁瓶盖内部。把风轮放在针尖上，让它能够旋转自如。瓶口罗纹和瓶盖边缘均涂上万能胶，并在盖上扎一个小孔，然后把瓶盖拧死。现在，你把整个瓶子在炉灶上加热片刻，然后立即用胶纸封住小孔。等瓶子冷却后，瓶中空气变得稀薄，空气阻力减小。把瓶子放置在炽热的阳光下，瓶中的风轮就会不停地旋转起来。在瓶子背面贴上一块铝箔，它将反射阳光，加快风轮旋转的速度。

NO.185 环形彩虹

天上的彩虹，你肯定只见过半圆形的。但在阳光中你却可以制造一个环形的彩虹出来。找一个有太阳的下午，站到室外的椅子或者墙上，背对着太阳，然后用水管喷出一场细雨来，于是在你面前就会出现一个完整环形的彩虹；只有你身体的影子会使光环有一个缺口。阳光在水雾中产生折射，把它的各种颜色分解开来：赤、橙、黄、绿、青、蓝、紫。但这种光谱颜色你只能在水雾中看到，它只出现在你面前视角85度的环形彩带之中。由于各个水滴与你的视角不同，每个水滴分别表现为七种颜色中的一种。

NO.186 太阳光谱

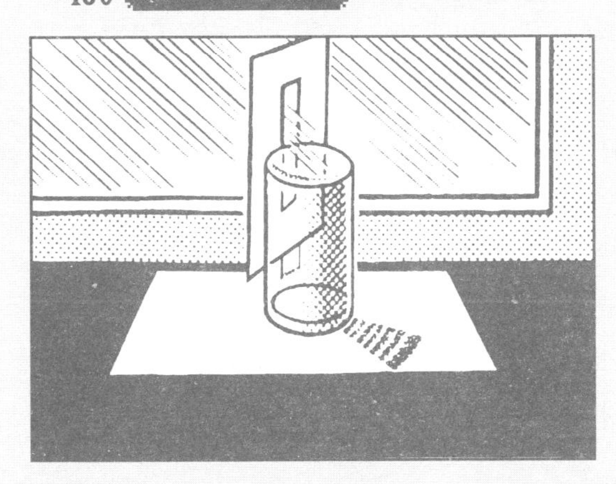

把一张白纸放在窗台上，上面摆一只平滑的威士忌酒杯，注满清水。把一张明信片中间剪一个1×10厘米大小的开口，用胶条固定在玻璃杯上外壁，把杯子放在一条光线可以照在水面的位置上。这时在白纸上就会出现一个漂亮的太阳光谱，其中的赤、橙、黄、绿、青、蓝、紫各种颜色都清晰可见。

这个试验只能在早上或傍晚做，也就是在阳光有折射时。如果中午做，你就必须在杯子下面斜着垫上两个啤酒垫盘，让杯子倾斜才行。光线在水面和杯子上发生折射，并把它所具有的颜色分解开来。

NO.187 羽毛中的光谱

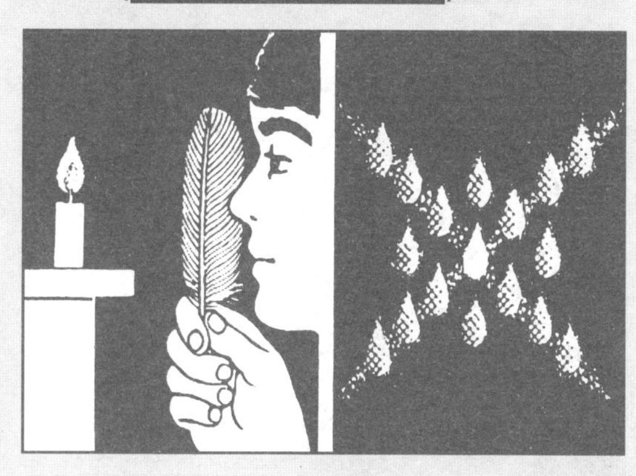

在一个暗室中，把一根大鸟的羽毛紧贴着眼睛，去看一米远的一支点燃的蜡烛。在你眼前出现的，将是排列成X形状的多个火苗，而且闪烁着光谱的颜色。

这个现象，是通过缝隙中的所谓“衍射”形成的。在均匀排列的羽毛组成的缝隙之间，存在着锐利的边缘间隙。光线通过这里时被“折断”，即被引开，并把光谱中的颜色分解。由于你是通过多条缝隙观看，所以在你眼前出现了多个火苗。

NO.188 彩色陀螺

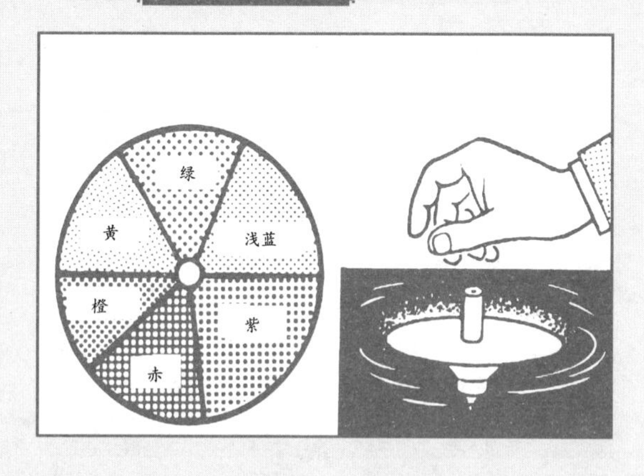

用一块白纸板剪成一个直径10厘米的圆盘。用彩笔按图画出鲜艳的颜色。把圆盘贴在用纸板做的半截线轴上，中间插入半截铅笔，让它旋转。这时你会发现，陀螺像中了魔法一样，所有的色彩均消失不见，整个圆盘变成了灰白颜色。

圆盘上的颜色和太阳光谱一致。圆盘旋转时，我们的眼睛在瞬间分别接受了各个颜色。但我们的眼睛适应于惯性，不可能跟上如此飞速变化的颜色，所以向大脑传递的信息，就只是白色或浅灰色的表面。

No.189 眼中的灰尘

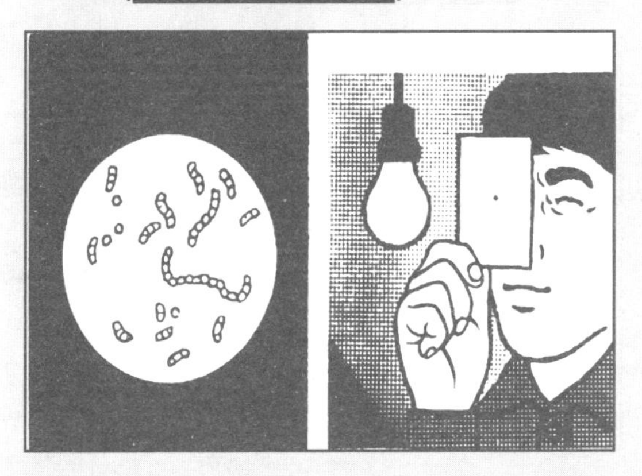

在一张硬纸板上扎一个针孔，通过针孔观看一个亮着的毛玻璃灯泡。在视线中你可以看到奇怪的景象，像是很多微小的气泡在你面前浮动。

这不是你的错觉！那些东西是你眼中的尘埃在虹膜上的影子。由于它们重于眼中的液体，所以在眨眼时，总是向下浮动。如果你把头歪向一侧，眼中灰尘就会滑向眼角，这证明，它们也是遵循重力法则的。

No.190 发抖的闪电

在昏暗的光线下左右变换地观看图中的蓝天。只要你的眼珠不断来回晃动，图上就会不断闪现出白色的闪电，如何解释这个现象呢？

当你看这幅图时，它就会反映在你的虹膜上，而且即使眼睛离开画面，它也还会保留一瞬间。因此，后来反映在虹膜上的红闪电的印象，会覆盖住蓝天。两个对比强烈的颜色，在我们的头脑里产生的印象是白光。由于眼睛的每一微小的运动都会产生一个新的闪电印象，所以这个过程就会不断重复。

（本图为实验效果图，原图请看封底No.190。——编者注）

No.191 神奇的放大

用大头针在一张黑色的纸板上刺一个孔。紧靠在眼睛上进行观察。拿一张报纸放在后面，上面的字迹就会大起来，更加清晰。这一现象的原理首先是来自光线的所谓“衍射”。进入小孔的光线被拉长，所以报上的文字被放大。上面的清晰度，来源于小孔成像原理——类似照相机的光圈——只有细长的光束可以通过，而干扰清晰度的边缘光线则一律被挡在外面。这个小孔设备，必要时可以当眼镜使用。

No.192 月球火箭

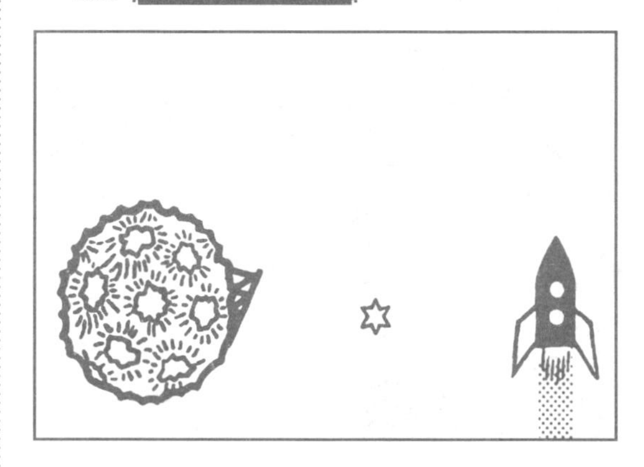

把图拿得近一些，让中间的星星正好在你的鼻子尖上，然后把图慢慢向左旋转。火箭会飞向太空，然后再降落在月球上。

首先，你的右眼只能看到火箭，左眼只能看到月球。像正常看东西一样，这两个图像在大脑中聚合起来，就好像火箭安装在发射架上。让图向左旋转，两只眼睛都斜视到了火箭，并越过鼻子追随它的运动，直到转180度后，两半部分图像又聚合起来。

NO.193 用火画图

到了秋天点篝火的时候，在空中画火花是很有趣的。从燃烧的火堆里取出一根桦树枝条，用它在空中划圆圈和左右摇摆。这时，不仅燃烧的枝头像一个亮点可以看见，而且可以看到一条燃烧的红线。它可以显现出发光的完整的圆圈、锯齿形的图案和各种字母。

在黑暗中放得很大的瞳孔，把红色火焰的图画全部接受，并反映到相应的视神经上。由于眼睛有惯性，所以较长时间把火焰的红色印象保留，并把它们滞留为线条或图画，就好像是霓虹灯广告。

NO.194 红色的瞳孔

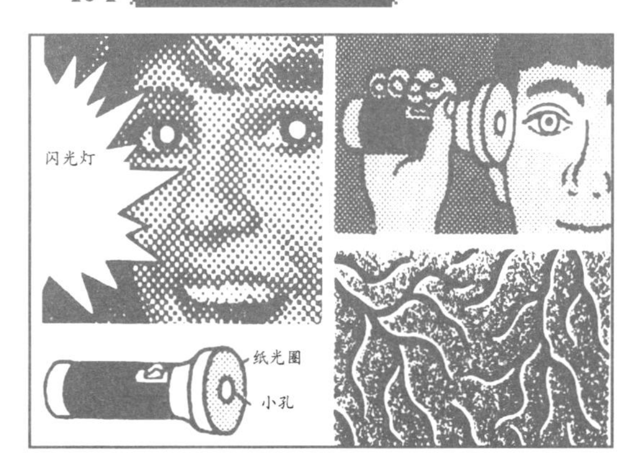

在黑暗的房间用闪光灯拍的彩色照片上，人的眼睛往往是红色的，为什么呢？瞳孔在黑暗中为了吸收光线放大了很多，在耀眼的闪光灯直接照射的时候，反应较慢。所以光线全部进入眼中，把虹膜上的血管反映到了胶片上。

你也可以用其他方法让微细的血管显现出来：在黑暗中用一只手电筒从侧面朝眼睛方向照去，你就可以看到眼前的交织在一起的微细血管了，它很像是墙壁上的裂纹。虹膜上的血管，在一般情况下是看不到的，因为它下面的视神经已经习惯它的存在。但如果从侧面射来光线，那么就会把旁边的视神经上覆盖一层阴影。

NO.195 眼睛里的光栅

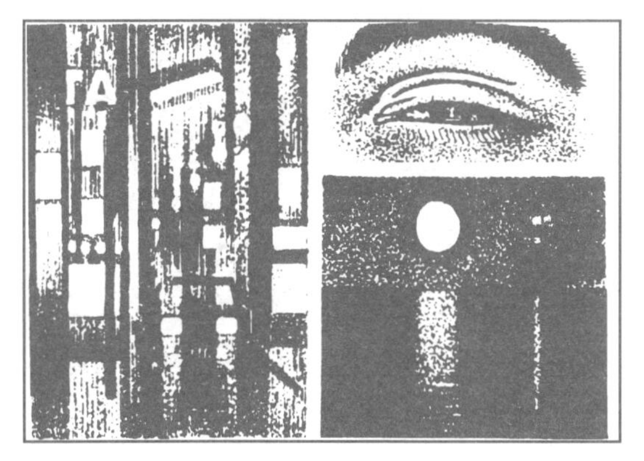

晚上，眨着眼睛观看街上的灯光，它们就会变得模糊，好像很多竖立的光柱。如果你把头歪向一侧，光柱会随着倾斜，这就说明，这种现象产生于眼睛里面。

这是灯光在上下眼皮的泪花上的一种反射，即一种微型水反射现象：睁开眼睛看灯光时是正常的，但在眼睛半闭时出现在眼皮上的液体却会产生反射，于是在虹膜上就出现了竖立的栅栏形状。

NO.196 影片中的车轮

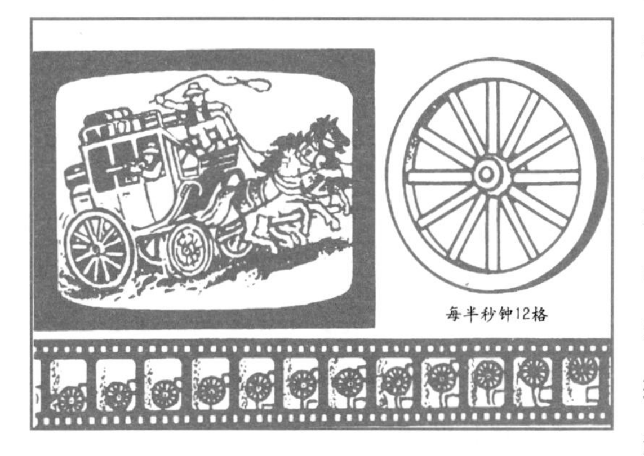

看电影或电视时，往往会发现飞快行驶的马车或汽车的轮子突然停止不转，或者向后转动起来。这个错觉是怎么产生的呢?

在拍电影时，摄影机里的胶片每半秒钟曝光12格图片。如果一个带有12条轮辐的车轮，在半秒钟转动一圈，那么它就会在每一格图像中是同一个位置，这样，在放映电影时，车轮看起来就是停止不动的。人们一般说，这时的轮辐和胶片上的图像是同步的。如果车轮转动稍微慢一些，那么在每一格图像中轮辐就迟到少许——车轮看起来就是朝后转了。

NO.197 电视陀螺

用啤酒垫盘和一支铅笔头做一个小陀螺，垫盘上面贴上黑纸，并用五个白纸条贴成星星形状。在一个黑暗的房间，打开电视机，把陀螺旋转起来，你就可以看到，那些纸条开始时模糊不清，然后就变成了前后运动的明亮棱条，最后竟然停滞不动。

电视机每秒钟传递25格图像，每一个图像之后有一个短暂的光间歇。它的开始和结束都会在旋转的白条上显现出来。在每秒钟旋转5圈的情况下，陀螺的速度恰好使它的5个白条分别和电视图像同步。因此，上面的星星看起来就像是处于停滞状态。

NO.198 光扇

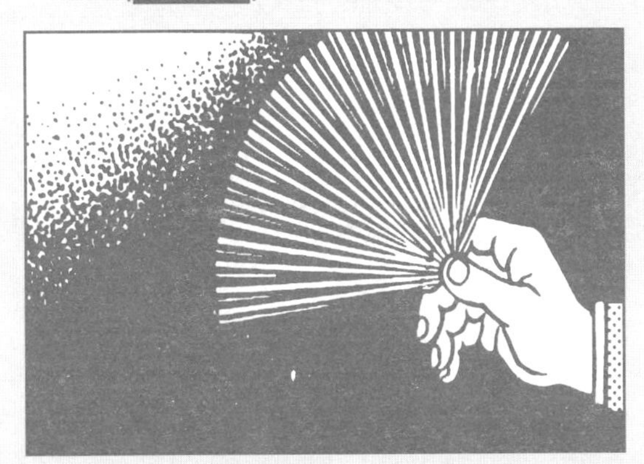

用拇指和食指拿一根浅色的小木棍儿，在霓虹灯前左右摇晃。你看到的并不是一片模糊的平面，而像是一把有深浅相间扇骨的扇子。

霓虹灯灯管里有一种通过电流可以发亮的气体。鉴于交流电中间的间歇，所以，它的光线每秒钟要明灭50次。一般情况下，眼睛由于惯性并不能发现这种间歇。木棍儿在快速的左右摇晃中不断接受明亮和黑暗：使它看起来似乎是在抖动。而白炽灯泡在电流间歇时，却仍然炽热，发出的光并不间歇。

No.199 电影效应

如果站在一排栅栏外面，通过那些狭小的缝隙，我们很难看到里面的情景。但如果驾车靠近栅栏行驶，栅栏就会变得几乎透明了。

我们的眼睛具有惯性：车在栅栏前驶过时，通过栅栏间缝隙得到的图像，会留在虹膜上片刻，直到下一个缝隙传出另一个信息。各个图像信息在大脑里融合成为一幅完整的图画，就像在电影院中每秒钟看到24幅胶片图像一样。而作为前景的栅栏的深色竖杆，在这时就变成了一片模糊的颜色。

No.200 拼图效应

列车在途中停车时，路边的树丛往往像一道墙一样遮住你从车窗往外看的视线。开车以后，这道绿色的隔墙就会变得“透明”，这是为什么呢?

作为前景的树丛在列车运行时，飞快地从车窗前掠过，对我们的眼睛来说，只剩下一片模糊的绿色。而它的无数叶间的缝隙，所反映出的远处的各个片段，却被我们的虹膜所接受。这些印象作为“余像”在瞬间保留下来，在大脑中像拼图游戏的拼块那样拼成了一幅完整的图画。

NO.201 古堡幽灵

这个古堡废墟中，夜间常有幽灵出没！在正常的阅读距离下，在明亮的环境下，凝视右边小黑人的口部一分钟。然后立即转过来凝视古堡的大门洞，大约10秒钟以后，你就会看见一个白色的幽灵出现。

看小人时，虹膜不会被它的黑色部分曝光。而其他视觉细胞却很快被白纸闪烁得疲劳。这时你转过去看古堡，疲劳的视觉细胞不再接受白纸的全部明亮部分，而是接受灰色的面积。而其他的视觉细胞，却会对白色更为敏感。

NO.202 鱼缸中的金鱼

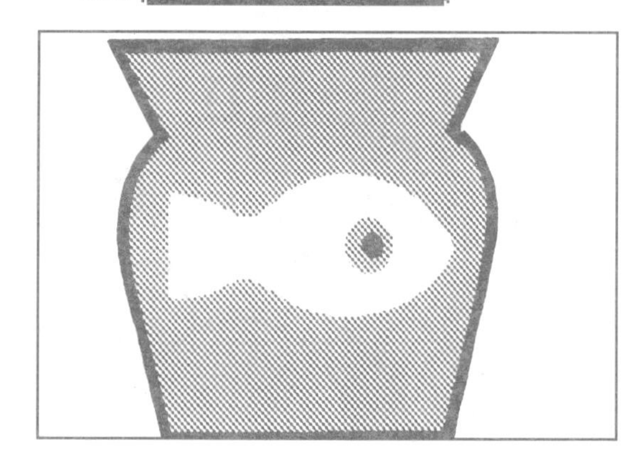

（本图为实验效果图，原图请看封底No.202。——编者注）

在光亮处凝视左图中白色鱼的眼睛一分钟，然后再凝视右图空鱼缸中的那个黑点，过几秒钟后，你就会看到一缸明亮的碧水和一条红鱼。

如果你的眼睛长时间盯看左图，对光线敏感的虹膜就会被红色画面弄得局部疲劳。相应的视觉细胞，将对红色不再敏感。因而，当你观看右图的白色画面时，它们就不会接受白光中包含的红色的光线。它们只接受其中的黄色和蓝色部分，二者合在一起成为绿色。而接受白色画面上图像的虹膜，现在却接受红色。

NO.203 颤抖的布丁

（本图为实验效果图，原图请看封底No.203。——编者注）

把画有布丁的彩色图画——最好在朦胧的灯光下——在正常的阅读距离下放在眼前，然后左右晃动。布丁看起来似乎在抖动，几乎要移出盘子。

这种抖动之所以会产生，是因为暖色（例如红色和褐色）留在虹膜上的印象，要比冷色（如蓝色和绿色）的时间长。移动图画，其中的背景和盘子也跟随着正常移动，但布丁却要迟到片刻才能跟上来。用一个真正的布丁，左右摇晃它，它也会因为惯性而有同样的效应。

NO.204 幽灵气球

把你两手食指对接在距你的鼻子尖30厘米的地方，然后把目光越过手指尖观看对面的墙壁。这时你就会看到一个奇怪的景象，就好像你的两手指中间有一个小气球在那里飘浮。

越过手指向前观看的眼睛聚焦在墙壁上，手指的影像也反映到虹膜上，但两个影像在大脑里并不重叠。每只眼睛看到的手指都是双重的，而指尖的额外图像最终聚合在中间，形成一个圆形或长形的幻影。

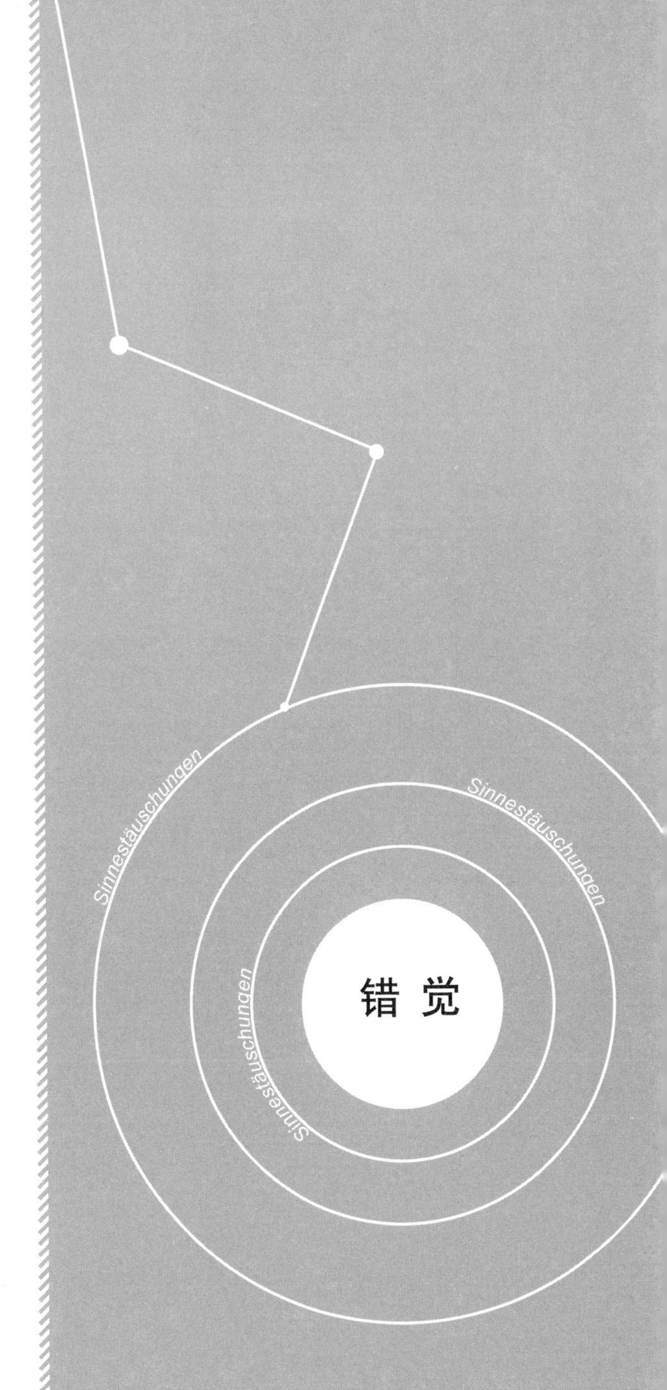

NO.205 手掌上的洞

将一张纸卷成一个纸筒，用右眼往里面看去。同时把左手举在纸筒的左边。现在你就会发现，好像一个洞恰好穿透左手的掌心。你能够解释这个错觉是怎么产生的吗?

右眼只是看到了纸筒的里面，而左眼却看到一只平平的手掌。和正常看东西一样，每只眼睛所接受的印象，都将在大脑里聚合成为一个立体影像。我们的试验所得到的图像十分真实，因为反映在手掌上的纸筒内部影像具有透视效果。

NO.206 消失不见的小兔

在正常阅读距离观看这幅图画。用一只手遮住左眼，然后用右眼凝视魔术师手中的魔杖，这样，旁边那只小兔，就只停留在你视线的一侧。现在你缓慢地接近图画，小兔突然就不见了。

图画被眼睛虹膜上无数感光细胞所接受。但它们却在虹膜的某一固定位置上出现空白，即在视觉神经通过眼球的地方。因此，这个地方是不接受光的刺激的。人们称其为“盲点”。在眼球接近图画过程中，小兔影像如果落到这一点上，它就会消失不见了。

NO.207 难以估测的距离

在一张白纸上画一个点，并把它放在你面前的桌子上。试试用一支铅笔垂直触及那个点，你会很容易取得成功。如果你闭上一只眼睛，再去试一试，那你就几乎永远触及不到这个目标。

用一只眼睛，很难估测通向那个点的距离。只有用两只眼睛才能看到立体的图像，才能确认空间的深度。每只眼睛都从不同角度单独确定这个点的位置（注意，如果你接近这个点，角度就会发生变化）。根据角度的大小，大脑几乎可以准确无误地确定这个点的距离。

NO.208 一心不能二用

跟你打个赌：你的脚做圆圈运动时，你的手就写不出你的名字来，你相信吗？除了一些无法辨认的笔划外，你什么都写不出来。

你这时能够画出的，只是和脚的运动方向一致的圆圈。一旦脚的运动改变了方向，手的运动就会乱起来。所以，脚的运动会反映到你的字迹当中。

每一种运动都要求精神集中，所以很难同时做两件事情。类似的情况也会影响你的精神集中，例如你在做家庭作业时同时听音乐。

NO.209 感官上的错觉

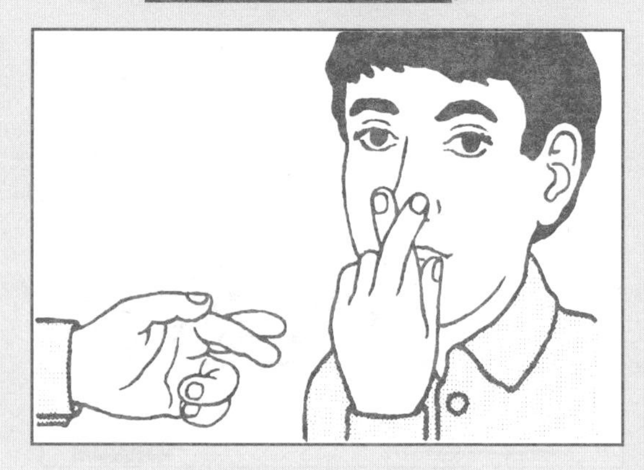

用食指和中指交叉起来摩擦你的鼻尖。你会奇怪地感觉你有两个鼻子。这个试验误导了你的触觉。两指交叉使得手指侧旁的位置进行了交换，正常情况下相隔的指侧，现在变成了贴在一起，共同触摸鼻尖。但每个手指却单独向大脑反映这个触摸信息，所以大脑确实记录下两个鼻子的影像，因为它并不管手指是否交叉。

NO.210 书写错误

把一张纸片放在额头上，尝试把你的名字写在上面。结果会让你大吃一惊。因为你写出的名字是反的。

这种反常的写字方式，使你忘记了除了铅笔要倒过来，书写的方向也必须倒过来才行。出于习惯，你却仍然从左开始，向右写去。因此字体也就倒转了方向。

NO.211 零钱的问题

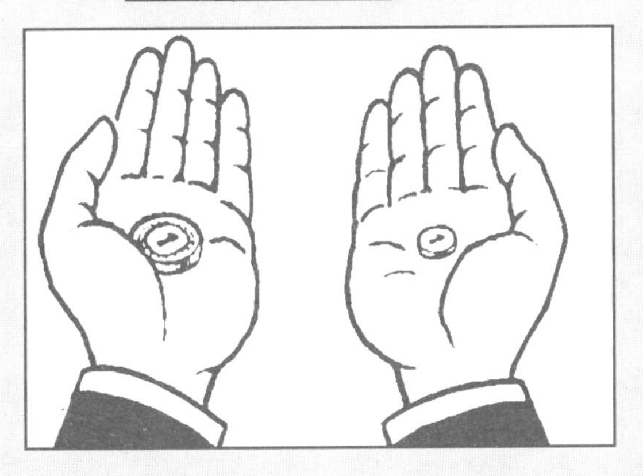

如果比较一下我们硬币的重量，它们到底有多重呢？你觉得，多少枚1角硬币的重量才相当于一个1元硬币呢？5枚，还是10枚？

由于在我们的印象里，1元硬币总是又大又厚，而一枚1角硬币又小又轻，但这实际上是一种错觉。如果把硬币放在天平上称一下，我们就会知道，两枚1角硬币，就足以赶上一枚1元硬币的重量了。

NO.212 骗人的硬币

把很多硬币放在一起时，你可能会对它们有一个错误的概念。把十枚1元的硬币摞起来，它的高度会相当于哪种硬币的直径大小呢？你好好想一想。

你可能又估计错了，因为在我们的概念里，1元硬币是很厚的。就算你把这摞硬币摆在眼前，你可能也会猜不对。实际上，只要你比一比就能发现，十枚1元硬币摞起来的厚度，只有一枚1角硬币的直径那样高。

NO.213 反应时间

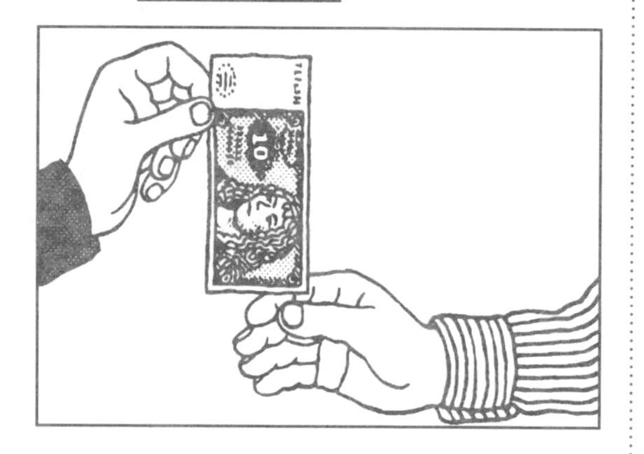

取一张纸币举在你的朋友微开的手掌上方，然后请你的朋友在纸币落下时，用手抓住。他永远不会成功。

当眼睛看到纸币落下，它首先传给大脑一个信号，从那里再向手发出“抓住”的指令。但这都需要一定的时间。如果你自己做这个试验，那就会成功，因为下落的信号和抓住的指令是同时发出的。从认识到反应之间的时间差，称为“反应时间”。对一个汽车司机来说，在危险情况下，这个时间差是会产生严重后果的。

NO.214 触觉试验

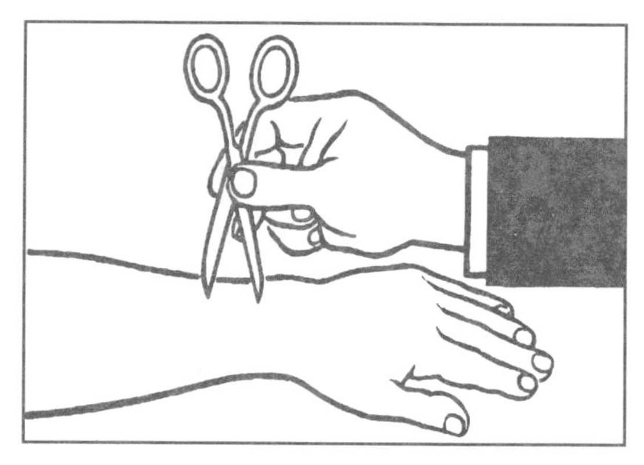

测试一下你朋友的触觉。请他闭上眼睛，你把剪刀打开约3厘米，用两个刀尖同时接触他的胳膊。你的朋友只能感觉到一个刀尖。你还可以在他的其他身体部位重复这个试验。

这表明，人的触觉在不同的身体部位是不同的。背部的神经末梢，就不如面部。手上，尤其是手指尖上，触觉神经特别发达，甚至稍微打开一点的剪刀，都可以在这里感觉得到。

NO.215 弯曲的道路

手扶住摆放在地上的酒瓶口，围绕它转三圈。然后尝试向一个笔直的目标走去，你会发现你肯定会走错。

这是你内耳平衡器官把你引入了歧途。当你的头部转圈时，内耳中的一种液体开始流动，使得耳内的茸毛倒伏，并把这个过程报告给大脑，它就会使你做出相反的运动来。如果你旋转得很快，并突然停了下来，液体将继续流动。即使你这时站直身体，大脑的反应仍然像你在旋转时一样，你只能在目标前拐弯走到别处去。

NO.216 误导的圆圈

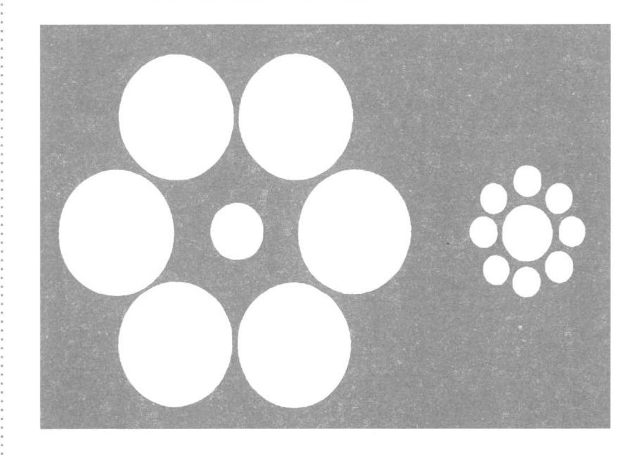

看一下上面的两个图形。它们中间的圆点哪个更大一些?

两个圆点一样大！在我们的下意识里，我们不仅去比较中间的圆点，而且还在比较它们周围的圆圈。因而得到的印象，似乎右边的圆点更大。

一个类似的视觉误差，是在我们观察月亮的时候。当它接近地平线的时候，我们就把它与房屋和树木相比，因而觉得它比在高空时大得多。

No.217 活动的图画

把两幅画复制并剪下来，把画的上边沿贴在一起——第图1在上面，图2在下面。用一支铅笔把图1的画卷起，让它上下滚动。你得到的印象是，好像图画上的形象活动了起来。

我们的眼睛接受的图画影像重叠在一起，因而出现了运动的印象。这种“电影效应”，在这里只是跳动式的，因为它只来自两幅图画。正常的电影每秒钟显示24幅画面，电视是25幅画面，因此我们可以看到平稳而没有闪烁的运动图像。

No.218 水车

把这幅画在你的眼睛侧旁轻微摇晃着观看，水车的水轮和水似乎都开始动了起来。

圆形和波浪形的线条，印在了眼睛的虹膜上。晃动图画时，又产生了新的印象，它们相互变换，消失了，又出现了新的，在这样的次序上，你就看到了圆形和波浪形的运动，就像是动画电影。

NO.219 疯狂的字母

这里是一块方格布上绣的一个名字，使用的绣线是黑白两种拧在一起的。这几个字母是垂直的吗？拿一把直尺去衡量一下！

没有问题，字母都是正直的！这幅画使我们产生了一个视觉误差：拧成的绣线都是斜的，因此字母的形状在方格布背景的映衬下发生了变形，误导了我们的眼睛。

NO.220 神奇的螺旋图案

仔细观看这幅图画。你肯定会认为，这里画的是一个螺旋。请再仔细看一遍，然后拿一把尺和一支铅笔，或者一个圆规，顺着画中的线条走一遍。

检查的结果告诉我们，这里只是一些同心的圆圈。这就意味着，它们是围绕在同一个圆心上。要想一眼就看出一个完整的圆圈是很困难的。眼睛在看这些线条时，总会被圆心所吸引，因为黑色背景上的隔栅具有透视效果，使各个圆圈看起来是倾斜的。

NO.221 骗人的旋转

让这幅留声机的图画在你眼前轻微晃动，唱片就会旋转起来。

这个错觉的形成有很多原因。图画在晃动中不断变换光线进入的角度和视角，在眼睛中产生了不断变换的深浅不同的区域，似乎横穿在唱片之上。由于眼睛的惯性，图像留下的印象还会停留在虹膜上片刻，相互发生重叠，所以感觉上是唱片真的在旋转。

NO.222 用三角测量距离

谁要是想测量一条河的宽度，很可能由于对水平面的错觉而产生误差。你可以借用一个三角形相当准确地计算出河的宽度。

寻找河两岸两个相对的点（A和B），然后沿着河边走到与两个点连线的夹角为45度的地方（C）。所需要的角度可以用手表的指针测出，即两针距离7.5分钟的时候。现在，你数数从A到C的步数，那么你也就知道了河的宽度。你所走的步数（A到C）正是河的宽度（A到B），因为这两个长度是一个直角等腰三角形的两个腰。

NO.223 用光反射进行测量

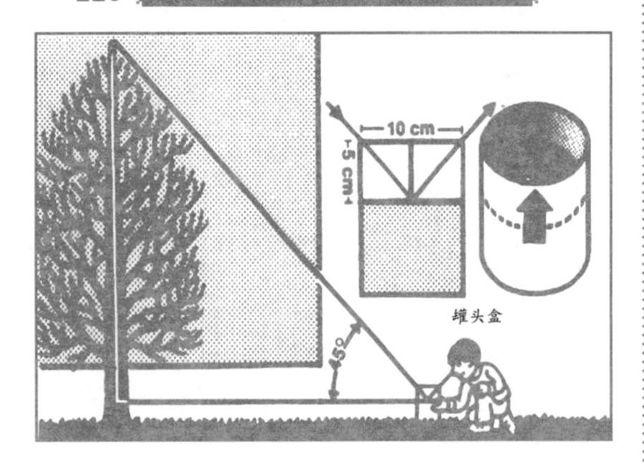

如果想砍伐一棵树，就应该事先知道它的树梢会落到什么地方。它的准确的尺度是很容易确定的。把一个开口为10厘米直径的罐头盒注水至距盒边缘5厘米处，在里面撒一些泥土，以便光线能够在水面反射。然后把罐头盒放在地上，移动到树梢的影子越过盒的前沿正好落在水面上（见箭头）。

从树梢照射过来的光线和水面形成45度角，与树干构成一个直角等腰三角形。树的高度和罐头盒与树干的距离同样长。

NO.224 方块中的球体

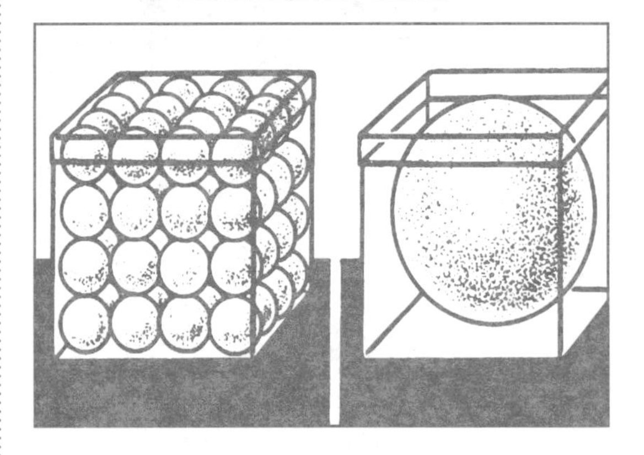

在一只骰子形的塑料方盒中，放入四层杏仁糖球，每层16枚，直到盒的边缘。另一只同样大小的塑料盒中，只放入正好装入盒子的一颗大杏仁糖球。你认为，哪个盒子里面放的糖多呢?

一个球体的体积，不论本身大小，都只能占据相应方盒空间的52%的地方。由于小球实际上把方盒分成了64个小方盒，每个糖球都只占空间的52%，所以两个盒子装的杏仁糖是一样多的。

NO.225 实用几何学

一名建筑师在刚建成的毛坯房子里，考虑他的楼梯需要多长的地毯。因为现在楼梯尚未安装，阶梯的数量、高度和宽度，他现在还不知道。在这样的情况下，怎么才能把所需地毯的长度计算出来呢?

我们只需要找到以后与楼梯构成直角等腰三角形的地面上的长度和墙壁上的高度就行了。这两段距离加在一起，就是地毯的长度：因为每一个阶梯的高度和宽度加在一起就等于这个数字。

NO.226 死角

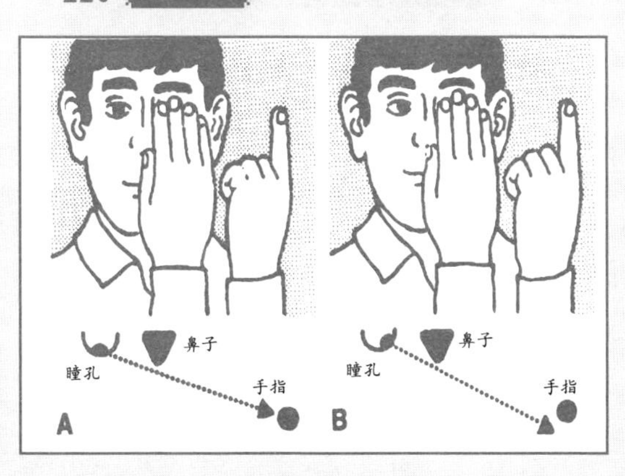

用右手捂住左眼，然后用右眼向前看。举起左手食指从左边面颊经过向前伸去，直到能够刚刚看到鼻梁上的手指尖为止。现在你把目光对准手指，奇怪的是它突然失踪了。

这个现象可以用几何学来解释：直着往前看的时候，可以看到手指尖，因为右眼的视野能够越过鼻子达到那里（A）。但如果瞳孔在视角里向左转，那么视野就会发生变化，射向手指的目光被鼻子挡住了（B）。

NO.227 寻找圆心

手头没有圆规，想画圆时，可以借助一个圆形物体，如盘子。但如何才能简便而准确地找到这个圆的圆心呢?

办法很简单：把一张写字纸放到这个圆上，让纸的一角触到圆的边缘。在纸边和圆交叉的地方，做标志A和B。A和B间画一条直线，这就是圆的直径。以同样的方法再画出一条由C到D的直线，于是就出现了两条直线的交叉处M，这就是圆心。这个方法是基于这样一个原理：半圆中的角，永远是直角。

NO.228 用平面做成球体

一只足球的外皮由很多白色和黑色的皮块组成。你知道一共有多少皮块吗？每一块皮又有多少个角呢?

答案是：一只足球是由20块白色和12块黑色的皮子组成的。它们的形状为什么不同呢？如果所有的皮块都是六角形，那么缝在一起就只能是平面的，永远成不了一个球体。通过每五块六角形皮块和一块等边的五角形皮块的组合（A），就会出现了拱形的球面，最终变成了足球（B）。

NO.229 计算一个圆圈

一个男孩在跟踪一个偷自行车的贼，在途中的柏油路上发现一个潮湿的车轮印记。这说明，一个骑自行车的人拐弯时曾穿过了一个雨水洼。根据断续出现的水印，男孩可以计算出轮胎的直径。

车轮的圆周（永远是直径的3.14倍）是可以计算的。那就是A到B的距离。男孩用3.14除以这个距离，就得出车轮的直径。由此他就可以知道，这是不是被偷的那辆自行车。此外，轮胎上还标有欧洲统一规格的车轮直径的准确数据，比如47-622。第一个数字是轮胎的厚度，第二个数字是轮辋（瓦圈）的直径。

NO.230 计程器上的问题

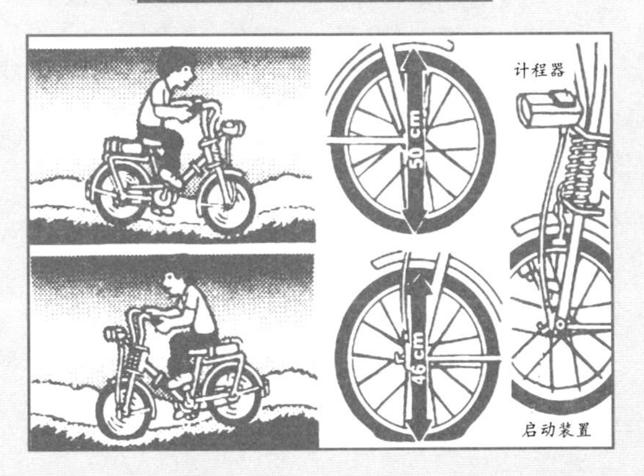

一个男孩每天骑车去3公里远的学校上学，每次都走同一条路上。有一天中午回家的时候,他突然发现计程器上记载的里程比平时多了270米。他疑惑不解,这到底是怎么回事呢?

真正的原因是,自行车前轮气门心密封不好。早上上学前他给轮胎打满了气,但回来时却跑了很多气,使得轮胎的直径从50厘米减到了46厘米。这样一来，车轮的整个圆周长（直径乘以3.14）相应缩短了13厘米，所以它在这段路上必须比平时多转172圈，计程器上也就显示了相应的数据。由于计程器是按照车轮正常直径设计的，直径变化，里程也就多了。

NO.231 拐弯技巧

根据自行车在道路上留下的轨迹，可以确定自行车行驶的方向。骑手在拐弯时，身体必须偏转，回到直路时又需寻找平衡，所以前轮留下弧形的轨迹是：开始时急剧，后面逐渐平稳。

与此相反，其后轮留下的轨迹却由于车身只是轻微向侧方运动，所以线条是均匀和柔和的波浪形曲线。两轮的轨迹相互交叉，都会形成一个角度，而前进方向的角度要比后面的交叉角要小。

NO.232 手表可作罗盘用

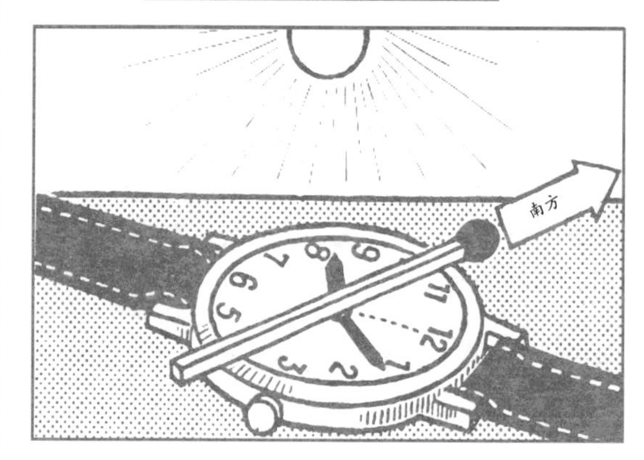

把手表摆平，让时针正好指向太阳。把时针和数字12之间的区域用一根火柴一分为二，那么此时火柴头指示的方向恰是正南。

由于地球自转，所以太阳24小时绕地球“行走”一圈。手表的时针将在表盘上旋转两圈。所以上午我们要把从时针到数字12间的距离一分为二，而下午则把从数字12到时针的距离一分为二。火柴始终指向正南。而在中午12点时，时针和数字12都会指向正南方的太阳。

NO.233 缆车的原理

从山顶的缆车车站，一个父亲带着孩子沿小路下山步行去山谷的缆车站。这条小路恰好在缆车下方。途中休息时，父亲说："我们现在正好在半山腰处。"他是怎么知道得呢?

原来，缆车的两个车厢悬在一根缆绳上，由山顶一台电机驱动一根长长的牵引绳索拉上拉下。这时，下山的车厢就成了上山车厢的平衡力量。所以，上下两个车厢要同时发车，因而，它们相遇时就恰恰是一半的路程。

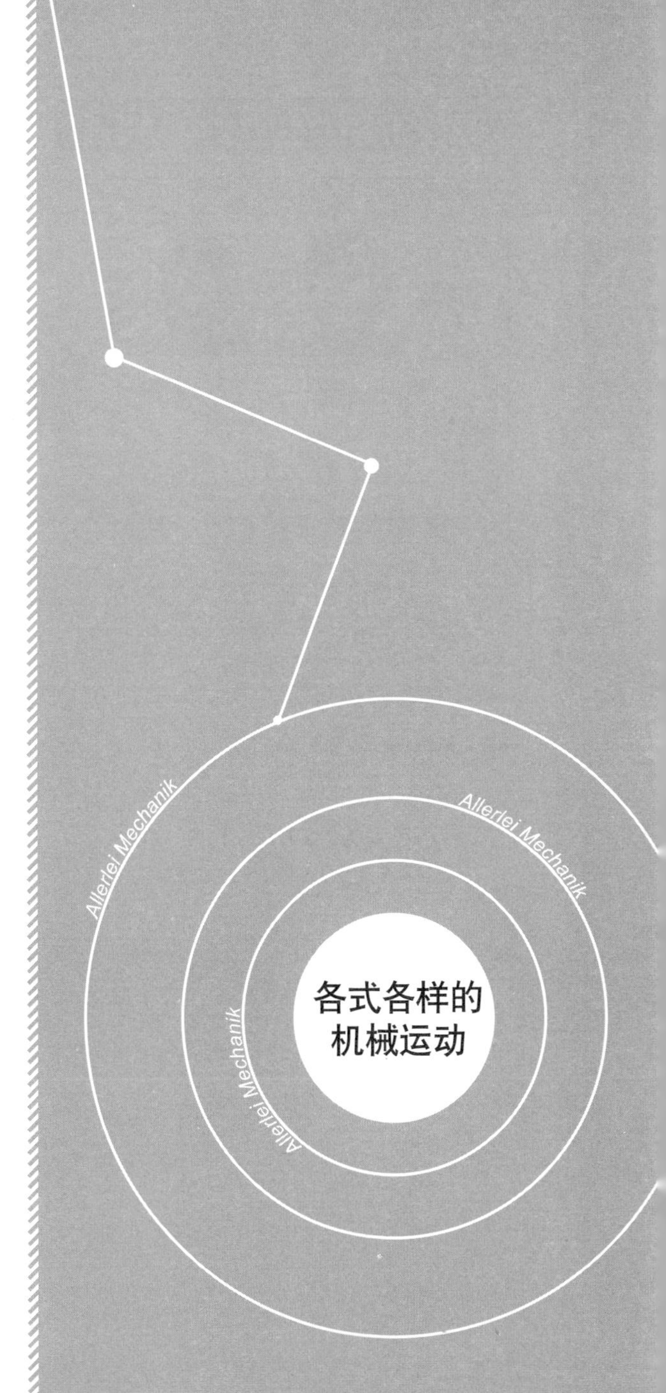

NO.234 推小车遇到的问题

大家都知道，把一辆小推车推上台阶，是很困难的事情。小车的橡皮轮胎会卡在台阶的角里。如果把小车倒过来，把它往上拉，车轮就会滚上台阶。

其中的道理是很容易理解的。你只要想一想，车轮的转动点D，恰好在接触台阶的地方。在向前推时（图1），推力K（小车把手的延长线）在D之下，车轮恰好形成向后转的趋势，所以车轮卡在了台阶的角里。而第二种情况（图2），K点处于D点之上，所以可以让车轮向上滚动。

NO.235 可以变化的车轮直径

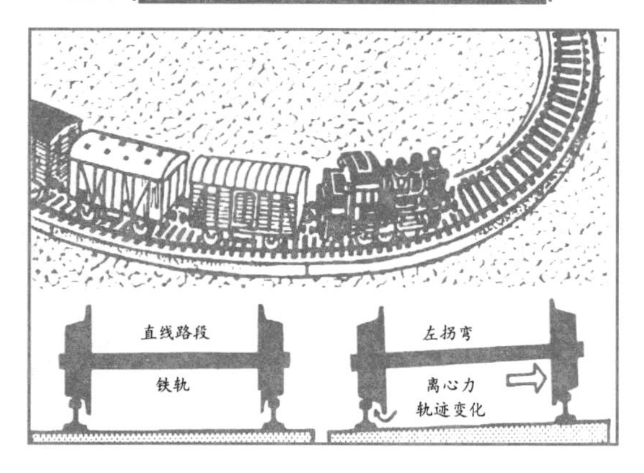

72厘米长的模型火车的轨道，外环要比内环长13厘米。在外环上火车的轮子在铁轨上旋转也要比内环快一些。但轮子是固定在车轴上的，怎么解决这个问题呢？模型火车的车轮——和真正的火车一样——具有锥形轮面，车轮在铁轨上可以改变轨迹。它们在铁轨上发生倾斜时，可以用不同的直径行驶。即使在直线路段也是这样，即在铁轨上轻微蛇形前进。在拐弯时，还要适应离心力。车轮是这样变动的：在外侧轨道上滚动时轮幅加大，所走的里程要大于内侧轨道上的车轮。

NO.236 拉爬犁的力量

一个男孩在平滑的冰面上拉爬犁。牵引的绳索突然扯断了一截，他觉得，这时如果再拉，可能要比刚才费的力气大一些。是这样吗？一个平行四边形表明，绳索的长短确实影响运动。用一条长绳索（A），男孩的力量（K）稍微倾斜向上。它是由两部分力量组成（K1 和K2）。但起作用的只是K1，它拉动爬犁向前进，而K2 则试图抬高爬犁。但绳索短的时候（B），力量对比就改变了：如果K2不变的话，K1就变小了。如果绳索更短（C），那么爬犁更多是向上抬起，而不是向前进，人们在很厚的雪上拉爬犁时就常常这样做。

NO.237 相反的力量

根据牛顿的理论，任何一个运动都会产生一个来自相反方向的反运动。

将一把直尺搭在两根圆铅笔上，上面放一个可以上发条的小玩具火车头，让车头向前走。它向前走的时候，直尺就会同时向后运动。如果直尺和车头重量相同，那么它们运动的速度也会一样。如果直尺重于车头，它就会在车头下面缓慢地运动，如果它轻于车头，就会运动得很快。

NO.238 拱形的墙

拦河水坝的蛋壳形围堰的拱背永远是朝着水库，而不会朝向河谷的。为什么呢？

水的巨大压力将顺着钢筋混凝土的拱背向两侧的山岩分散。如果围堰的拱背朝向河谷，那么水压就会集中到围堰中央，把围堰冲毁。

我们可以做一个试验进行比较：把一枚硬币放入葡萄酒瓶中，为小心起见，用一个塑料袋把瓶子装起来，然后使劲向下摇晃瓶子，硬币会把瓶子穿破。而想让硬币从外面把瓶子弄碎，却需要大得多的力量。

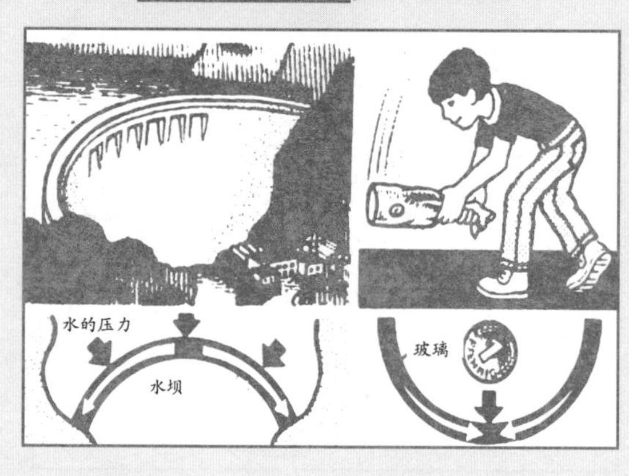

NO.239 火车里的惯性定律

火车车厢的地上放着一只空饮料罐。火车每次启动或停车时，它都会前后滚动。是什么力量使它滚动呢？一个物体都具有保持其原有静止或运动状态的性质，它将抵制其运动状态的任何改变，人们称这种性质为惯性。火车启动时，易拉罐想保持它的静止状态，所以会向行车相反的方向滚动。车厢实际是在它的下面运行的。停车时，它则要保持其运动状态，所以朝行车相同的方向滚动。在火车稳定运行中，易拉罐也是平稳不动的。在这种情况下，一个乘客在身体里也同样感受不到任何力量的影响，所以如果闭上眼睛，他无法说出火车行驶的方向。

NO.240 闪电和雷鸣

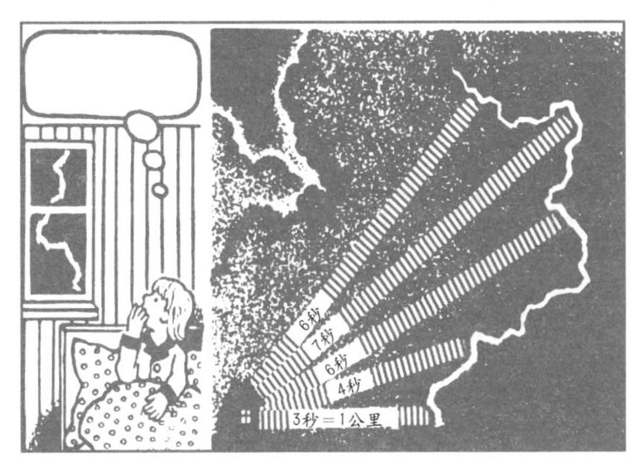

在雷雨天气，我们可以数一数闪电和雷鸣之间相距多少秒的时间，然后把它除以3，就能大概知道闪电离我们有多远了。因为声音在空气中的速度大约是每3秒钟一公里。

那么，闪电过后的雷声为什么总是滚滚不断的呢？闪电把空气撕裂然后又聚合，这样产生的轰鸣，将出现在整个闪电的长度上，往往会有几公里的距离。在不同点上所产生的声波，要传到我们的耳朵里，距离是长短不一的。我们听到的雷鸣，就是这些声波经过不同距离的延迟和削减以后，所产生的无数回响。

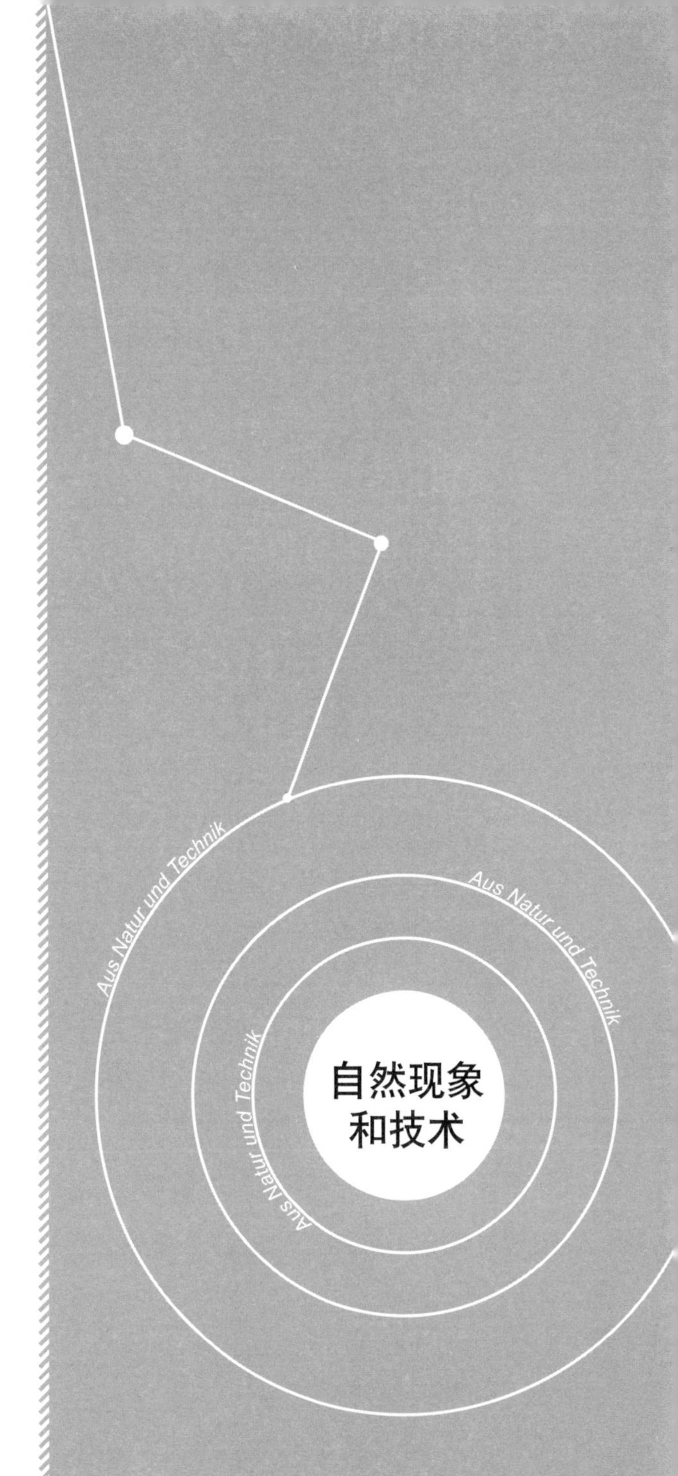

NO.241 植物的汁液可以导电

你如果拿一根草棍接触牧场围栏的电网，会发生什么事情？如果是一根干燥的草棍，你什么都不会感觉到；如果是一根嫩绿色的草棍，你就会感觉手指发麻；草棍越短，感觉越是强烈。由电池输向电网的电流，在草棍的汁液中得以传导，把其中溶解的盐导入身体。一次通过一棵树传导至地面的闪电，其能量要比草棍导电大数百万倍。通过这股巨大的电流，产生了巨大的热度，它会使树木中的汁液立即变成了蒸汽，它的压力甚至会使树的外皮发生爆炸。

NO.242 危险的跑动电压

如果在假期外出遇到了雷雨，千万不要跑动，而是要原地停下来。一个击中树木的闪电，通过其在地下传播的巨大电能，会危及在树木附近跑动者的安全。由于电能随着击中点的距离而逐渐减弱，所以有可能使跑动者一只脚上的电压高于另一只脚。这种跑动电压，会在身体内释放，因为身体的导电性要强于土地。如果一个人并起双腿，蹲在地上一个低凹处，那么电流就不会在他的身体内通过，就像是通过一只停在高压线上的鸟的身体。草场上的牛和马，由于它们的前后腿距离较远，所以雷雨天对它们特别危险。

▸NO.243 手中的避雷针

走在人造纤维地毯上，橡胶鞋底就会吸收微小的电子。这种充电现象，会使我们身体内部的电子颗粒到达手指尖端，并在碰到接地的物体时放出小小的火花。

尽管这种火花的电压有数千伏之高，但由于电流过小，所以并没有什么危险。谁要是还是害怕这种火花，他可以用一把钥匙或戒指把电导出，就像是屋顶上的避雷针，可以把雨云上的闪电导向地下；手中的导电性能良好的金属物件，可以把身体中的电流传导出去。

▸NO.244 玻璃瓶中的水雾

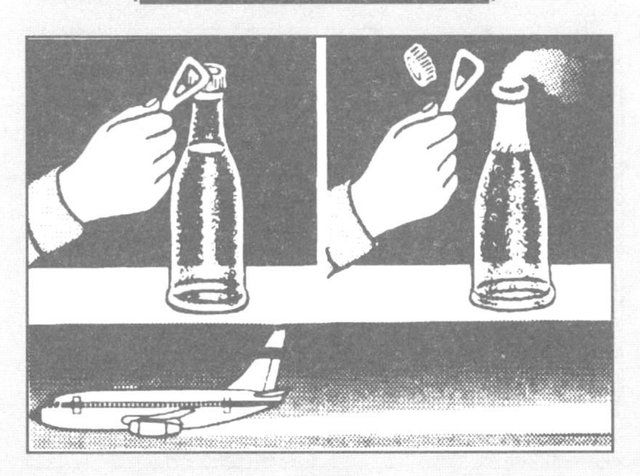

打开一瓶汽水时，往往会冒出一丝冷气。这是因为封闭瓶口的饱和水蒸气，受到汽水中二氧化碳的挤压。打开瓶盖时，空气得到了释放，并冷却（正好和自行车打气筒中的空气相反，在被挤压时发热）。被冷却的空气无法再托住这么多的水蒸气，所以把一部分以细水滴的形式排出到外面。天空中出现的雾气条带，也是这样产生的：从飞机的发动机里排射出一条燃烧气体，因为其中也包含有水蒸气，在被释放时冷却变成了水滴。

NO.245 雾化和冷凝

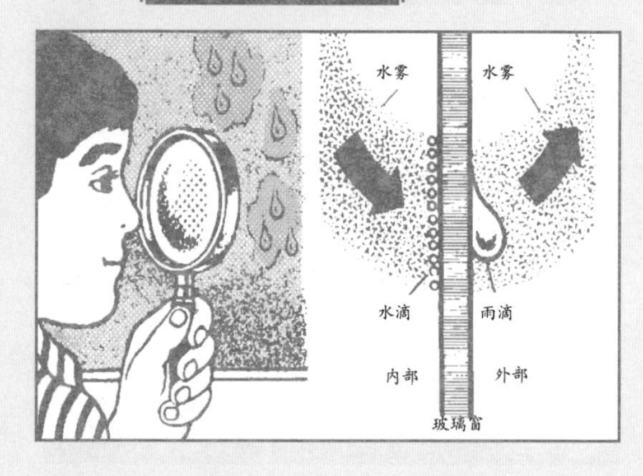

在有风的天气，凡在普通玻璃窗外面挂有雨滴的地方，窗内都有水雾。这种潮湿来自何处呢?

这是一种非常有趣的潮湿空气相互作用的现象：玻璃窗外部的雨滴，在玻璃窗里面雾化。雾化时需要热量，于是把玻璃窗附近的水滴吸去。在玻璃窗内部，含有很多水雾的室内空气，在掠过玻璃窗较凉的地方时得到了冷却。由于冷空气不像热空气那样潮湿，所以一部分水雾就冷凝了，它变成了液体，以极薄的水滴形式附在了玻璃内窗上。

NO.246 在水垫上滑行

游泳池里滑梯的滑板上都会有水流下，这是为什么呢? 因为水有助于滑动：水流在一个下滑的孩子的臀部下，形成了一个水垫，把身他的体托了起来，从而减少了滑板上的摩擦力。同样的道理，潮湿的马路也会变成一条滑板，造成危险的“水滑现象”：一辆高速行驶的汽车轮胎下，同样形成一个水垫，汽车被轻微托起，使方向盘和刹车失去作用，极易打滑而发生车祸。

NO.247 空气中的升力

一场气球升空比赛开始了。男孩的气球里装满了气，但他妹妹的气球充的气比他的少。谁的气球会飞得更远呢？

气球的升力取决于它排除的空气的体积，所以越鼓的气球升空的速度也越快。但这个气球内部的气压却在高空气压减弱的情况下越来越高，最后使气球破裂。而女孩的气球升空速度虽然慢，但却还可以升得更高。因为它还有继续膨胀的空间，直到它的重量和被排除的空气一致。然后里面的部分气体通过气球外壁的毛细管缓慢外泄，它会逐渐下滑而最后降落到地面。

NO.248 空气的重量

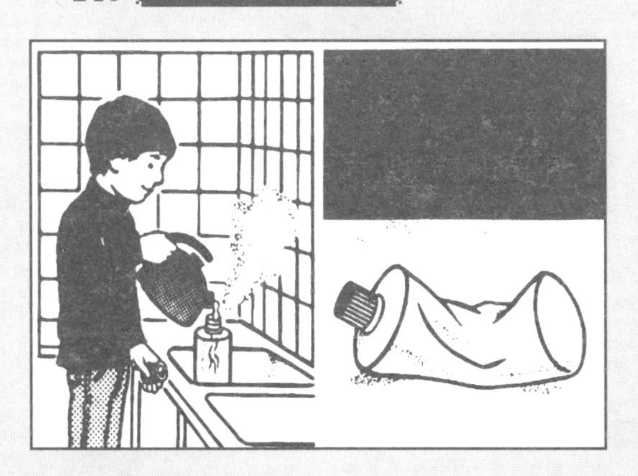

用热水把一只塑料瓶里面冲洗一遍，然后立即密封起来，放入冰箱中，塑料瓶立即就会变瘪，像被一只无形的手给捏扁了一样。

瓶子加热后，里面的空气大约会膨胀三分之一，所以有一部分空气外溢出来。冷却以后空气重新恢复原来的样子。由于瓶子里面出现低压，外面的大气压就会把它压缩到内外气压平衡的状态。这个试验告诉我们，地球表面大气的重量是多么巨大，它以每平方厘米1000克的重量向塑料瓶表面压去。一只容量为一升的瓶子，它将承受的重量大约达到600公斤之多。

No.249 测高仪

你爬山时，一只装防晒油的塑料瓶可以意外地帮助你做一个科学试验。到了山顶，当你打开瓶盖时，里面的液体就会发出嘶嘶的声音从瓶中喷射出来，喷成一个弧形。这种现象是空气压力变化带来的效应。围绕地球表面的大气压力，随着地表升高而减弱：在2000米的高山上，气压比海平面减少约四分之一。所以在高山上，装在瓶中的空气气压相对更高。而等回到谷地以后，瓶子就会变瘪：低地的高气压把从高山带回的“稀薄”的空气进行了压缩。

No.250 静止的空气

一个男孩坐在一辆篷布覆盖的卡车车斗里，卡车行驶时，他奇怪地看到，尽管篷布的后面是开放的，几只苍蝇在篷布下仍然安详地旋转飞舞着。他想，这些苍蝇是否正在以卡车的同样速度在飞行？其实，尽管后面是开放的，但卡车的车斗这时仍然是一个封闭的空间，这里的空气是静止的。甚至连外边迎面刮来的风，都不能吹入车厢。苍蝇在这里就和在一个房间里一样。但如果风从篷布前面的一个缝隙中吹进来，苍蝇就抵挡不住了。

NO.251 活的气压表

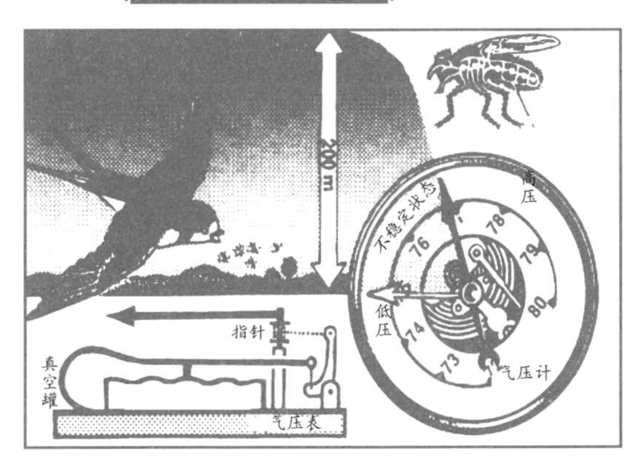

如果我们看到燕子在空中飞行，我们就会知道它正在追捕昆虫，因为天气好的时候，昆虫都愿意飞上天空。那么，昆虫是怎么知道自己要飞多高呢?

空气的气压不仅取决于天气，而且也取决于高度。昆虫群在200米的高空所感到的气压，与在地表附近是一样的。它们通过飞行高度，来平衡由气候带来的气压变化（在气压计上约在750和770刻度之间）。昆虫用它们的呼吸管来感觉气压的高低，那是昆虫身上的一种很细的呼吸器官。这就像是空气对气压计中真空罐的挤压，它对薄膜的压迫，通过杠杆传递到指针上。

NO.252 气压和流体

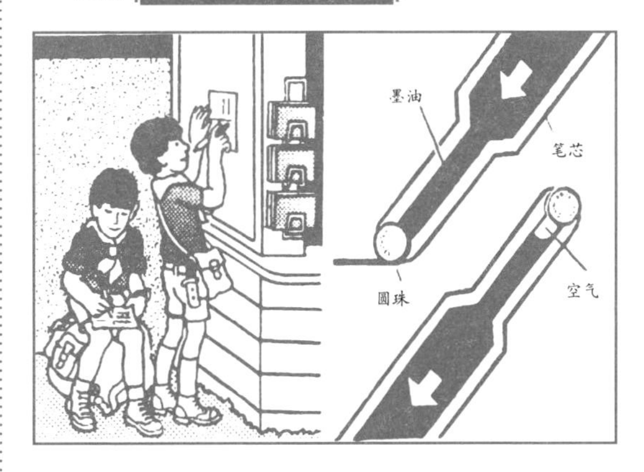

如果把明信片放在直立的墙壁上写字，你的圆珠笔就会变得不好用了：它不出油了。原来，圆珠笔的笔芯里注满了一种浓稠的墨油，正常情况下它是向下流到笔头的铁珠上的。当圆珠划在纸上，墨油从圆珠上滚下，才能写在纸上。而且，如果把笔尖朝上去写字，那么墨油向圆珠流动的压力就减弱，圆珠上的墨油用光，空气立即就会从这里涌入笔芯。而墨油则按照重力的原理向后面流去，圆珠上就出不来油了。

NO.253 隧道里的压缩空气

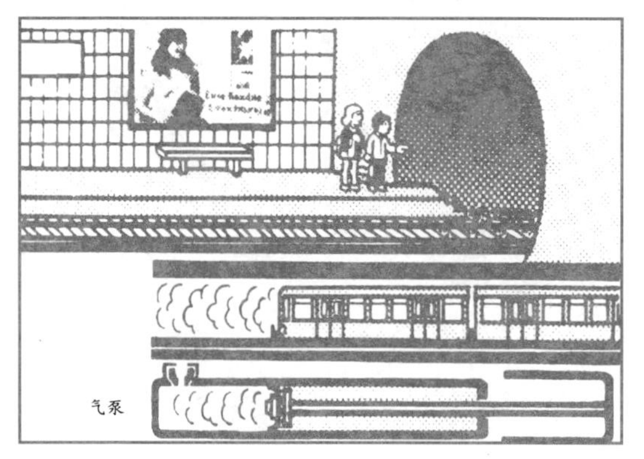

如果站在地铁隧道口附近等车，就会在没有看见灯光和听到声音之前就感到列车的到来。这是为什么呢?

地铁列车在隧道中行驶的时候，列车前方会拥塞着一团空气。它一离开前一个车站，下一个车站的人在潮湿的手指上，就会感到有一股轻微的气流袭来。（气流加速手指上水分的蒸发，因而出现凉意。）车快进站时，就会慢慢形成越来越强的气流。列车车厢把狭窄隧道中的空气挤出来，有些类似自行车打气筒的气管。

NO.254 面向太阳

窗前摆放两只插着蜡烛的蜡台，一只是白色玻璃，另一只是黑色玻璃制成。一个阳光灿烂的白天过后，白蜡台上的蜡烛没有发生变化，但黑蜡台的蜡烛却弯下腰去——奇怪的是，它是朝着太阳的方向。原来，一件物体的明亮程度和颜色，决定了它接受阳光热度的多少。白蜡台几乎反射了所有的光线，所以受热有限；而黑蜡台却恰恰相反，它吸收了几乎所有的光线和相应的热量。玻璃不是好的导热体；所以蜡台朝太阳一面首先受热，一直到上面的蜡烛变软。蜡烛失去了硬度，于是弯下腰来。

NO.255 软鸡蛋

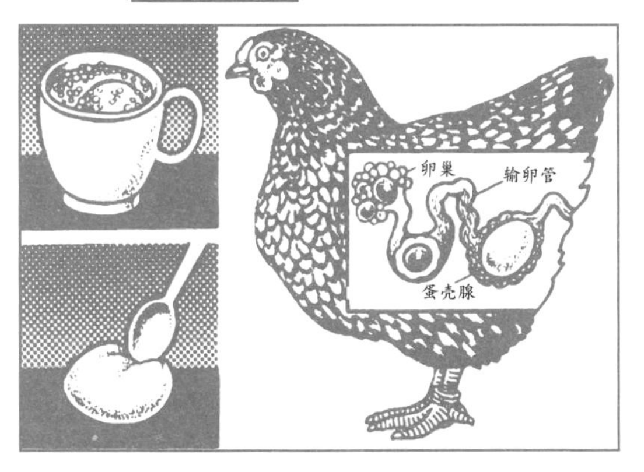

把一只生鸡蛋放入装有食用醋的杯中，过一天至两天，鸡蛋就会失去它的硬度。含钙的蛋壳将被溶解，变得柔软。与此相反，蛋在母鸡的蛋壳腺中却通过母鸡从食物中所吸取的钙而变硬。

鸡蛋的产生，首先开始在卵巢中：蛋黄带着胚盘成熟之后，进入输卵管。在这里，蛋黄被蛋白包围，然后被两层软膜、最后被坚硬的钙质蛋壳包裹起来。

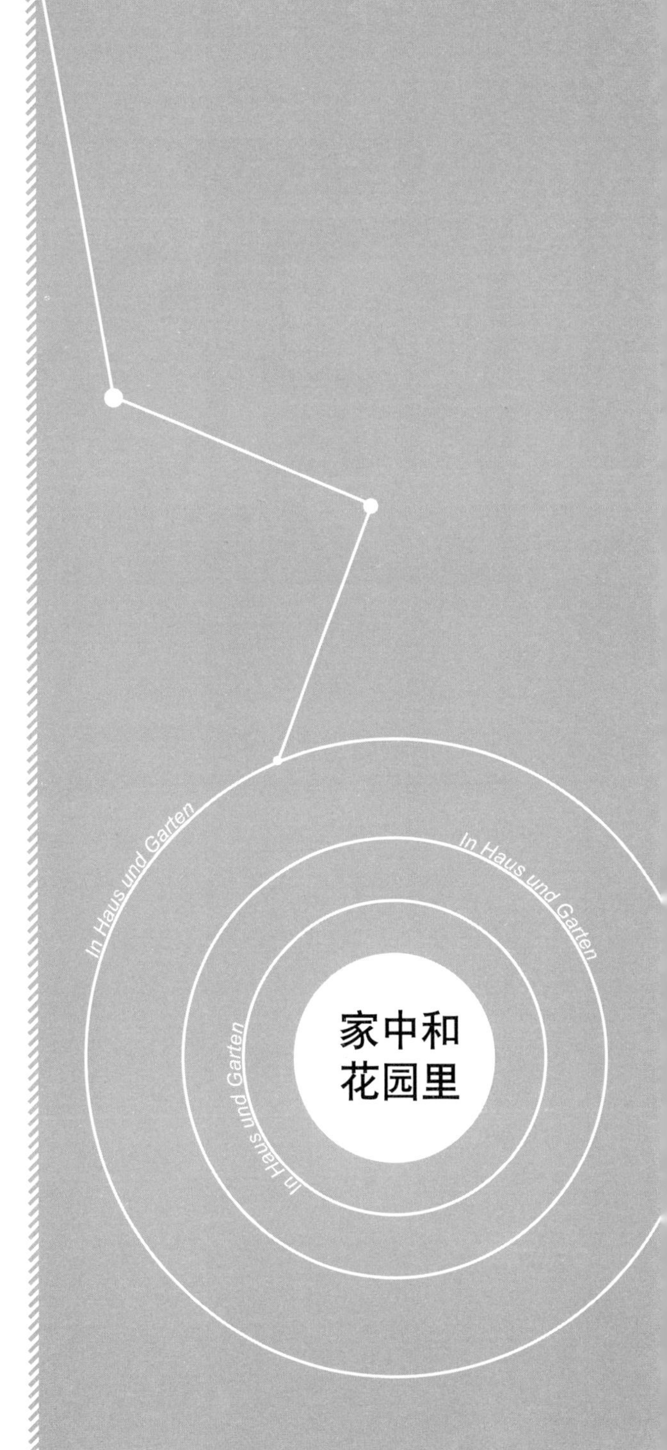

NO.256 天生的工具

鸡蛋壳由于是椭圆形的，所以相当结实。这是一种承受孵蛋母鸡体重的天然保护设施。母鸡的体重均匀分散到被孵鸡蛋外壳的各个部分。有一个试验表明，你用手掌无法把一只生鸡蛋握碎。那么，孵化21天之后，里面虚弱的小鸡是怎么把这个坚固的房子打开的呢？自然界送给了它一件工具，即蛋齿。这是小鸡嘴上面的一个锐利的小犄角，小鸡用它在蛋内不断磨和钻，最后使蛋壳破裂。

NO.257 鸡蛋中的旋转结构

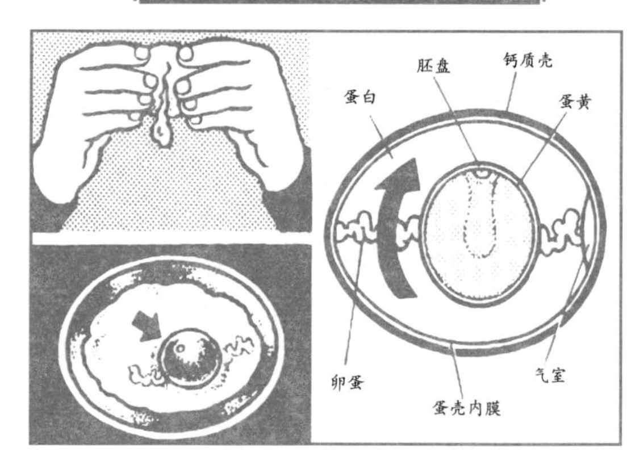

每一只鸡蛋的蛋黄上都有一个小白点，即胚盘。为什么做荷包蛋时这个白点总是在圆球形的蛋黄上面呢？

你可以在敲开鸡蛋以前，随意翻转它的横面，但蛋黄在里面旋转时却始终带着胚盘朝着上面。这是因为它悬在一条螺旋形的蛋白结构——卵带上，而且像一个不倒翁一样，其重心始终在下半部。这是自然界赐予鸡蛋的一个有用的设备：不论蛋的位置如何，蛋中的胚盘（鸡蛋中的其他部分均为养料）总是朝上的，即朝着母鸡温暖的身体。

NO.258 蛋中的空气

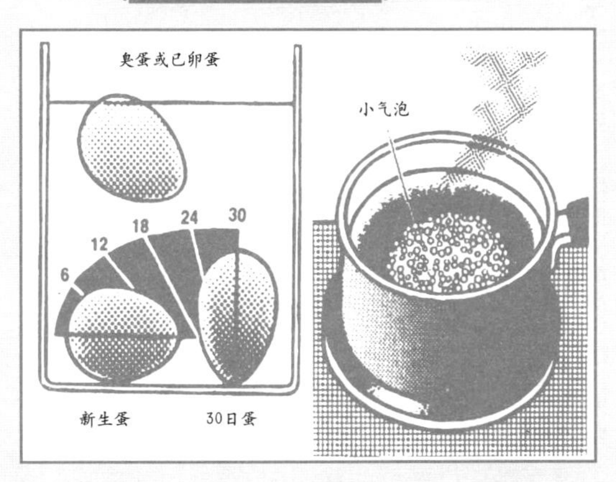

把一只鸡蛋放入一锅水中，可以根据蛋同锅底的角度来确定蛋的出生时间：一只新生蛋平躺在锅底上，一只30日蛋，直立在水中。

蛋的出生时间越长，其宽头部位的气室就越大。蛋通过蛋壳上的毛细孔呼吸空气，这样空气就会进入蛋内，而蛋白中的水分也会向外蒸发。孵化过程中，胚盘开始细胞分裂，鸡雏开始成长，这都需要消耗氧气，把鸡蛋放入热水中，被加热并膨胀的空气就会从毛细孔中溢出。这可以从水中的小气泡看出。

NO.259 关于燕子

喜欢和人类生活在一起的燕科鸟类，越来越被排挤出城市乡村。因为在柏油马路和钢筋混凝土的广场上，它们再也找不到泥土来用它们的唾液加上茅草做巢了。而且在平滑的房屋的墙上，鸟巢也没有可以支撑的地方。

只有雨燕，我们还可以经常看到它们在屋顶上飞翔。它们把楼群看成是岩石，随处可以找到孵化后代的角落。而且，热风会给它们带来大批昆虫，作为食物。

NO.260 文明共栖鸟类

很多鸟类，特别是麻雀，喜欢生活在人类附近。我们可以在大城市经常看到它们，因为这里为它们提供了足够而均衡的食物、新的孵化场地，并免受天敌的袭击。这样一些鸟类，我们称为文明共栖动物。

乌鸫本来只生活在森林中，毛冠云雀只生活在田野里。但近年来，这两种鸟以及大林鸽、松鸦都飞进了城市。这些过去在森林中怕人的鸟类，繁殖得非常快。它们是由于缺少食物才来到了我们的身边。

NO.261 气候标志

你知道农户家里的鸡都是可靠的天气预报员吗？在小阵雨到来之前，它们会及时跑进窝里，或者找一个避雨的地方。而在持续下雨的天气，它们却留在外面的花园里，变成落汤鸡。

鸡是不是根据气压的变化来辨别天气变化的呢？我们还不知道。但它们却本能地知道，持续下雨时，它们就可以得到丰厚的食物。那就是爬出地面的蚯蚓，因为水灌满了它们的巢穴，使那里缺少足够的空气。

NO.262 猎场

本来远离人类（即逃离文明动物）的鹰科鸟类，如小红隼和茶隼，现在也适应了变化了的环境。我们经常可以看到它们在公路旁边的柱子上，等待着被汽车轧死的动物来当作它们的食物。

NO.263 逃离文明的鸟类

过去，在每一个仓库里都会有仓鸮去捕捉老鼠。仓库棚顶上都留有一个小开口——“夜猫子门洞”，就是为了这些会飞的猫准备的。但自从仓库里不再打谷和储粮，它们再也找不到足够的老鼠，也没有合适的筑巢之处了。于是仓鸮变成了逃离文明的鸟类——就像白鹳一样。它们过去都是在仓库和畜圈的屋顶筑巢。但草场、沼泽和池塘的干枯以及过量使用有毒的农药，大大减少了它们的食物来源，它们不得不寻找其他的生存环境。

NO.264 聪明的山雀

黑山雀和蓝山雀，现在经常向人们展示它们越来越高超和新颖的生存方式。它们经常在我们门旁的信箱里孵化后代。它们啄破奶瓶和黄油盒的盖，寻找含有油脂的养料，或者爬进我们的排气管道口（如果没有用栅栏挡住的话）。最新的观察发现，在停车场或露营地，山雀开始寻找“烤肉”食品了：它们在汽车的水箱盖上寻找被烤死的昆虫！

NO.265 为小鸟们搭建一个家

在我们的花园里悬挂一些小巢箱，可以帮助山雀、欧椋鸟和麻雀找到一个栖息的场所。

几根松树枝——像一个小口袋那样用铁丝固定在树干上——就能够被画眉、山雀和篱雀所接受（A）。甚至把树丛的一些枝叶束成一个花篮形状，也是鸟类愿意栖息的地方（B）。一些小鸟，如淡红火燕，更喜欢在房檐上用两块木板斜钉上的小平台（C）。烟燕喜欢栖息在楼房里面，需要一个12×12厘米的小平面，可以固定在天花板下10厘米的地方（D）。把一块金属丝网缠到某个坚固的东西下面，紧靠着房檐固定住，是粉燕的理想巢穴（E）。

NO.266 在空中生活的鸟

如果你在地上发现一只雨燕，就应该检查一下，如果它没有受伤，就轻轻把它抛向空中。由于雨燕的翅膀是镰刀形的，所以如果不小心落到了地上，它就无法再飞起来。结果是，或者饿死，或者被猫抓去。

雨燕是在空中生活的鸟类。它会尖叫着飞越房屋，追捕昆虫和寻找筑巢材料，它甚至在空中喝水、洗澡和睡觉。它可以用它的短爪抓牢岩石和房子的墙，但永远不能在地上走路。

NO.267 来自森林的客人

绿啄木鸟常常会高呼着“谷——谷，谷——谷”，来到我们的城市。这是一种鸽子大小的鸟，一身绿色羽毛和红色的头顶，它不寻找树枝，但却落到人行道上。它在路的石板之间用凿子般的嘴戳啄，并用10厘米长的粘舌头，从里面取出蚂蚁和它们的卵。

绿啄木鸟是食蚁的专家。在森林中，它可以把一座蚁山戳进半米深。在公园和花园中，它们可以凭借自己神奇的感觉——甚至冬天在雪中——都能找到蚂蚁的巢穴。

NO.268 对鼹鼠的监视

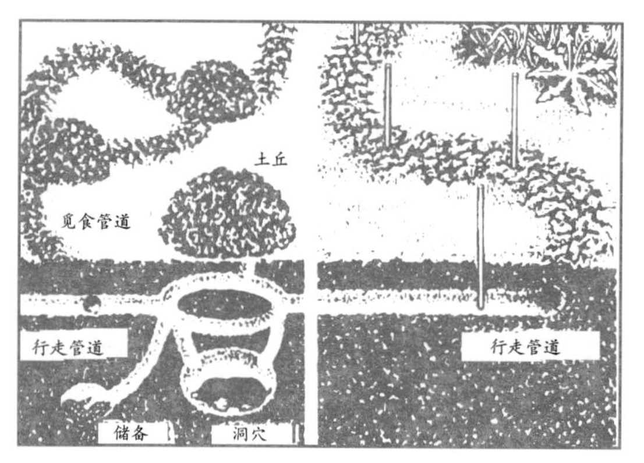

从铺着厚厚干草的洞穴出发，一只鼹鼠在几个小时之内，就能挖出一个四通八达的行走和狩猎管道网络。早上8点，到下午大约16点，它走在狩猎管道之内，寻找蚯蚓、蚊卵、甲虫或其他昆虫，并掘出新的土丘。

如果我们把它的觅食管道上面的土小心挖松，然后在上面隔一段距离就插一根干草杆，我们就可以根据草杆的晃动，看到鼹鼠是如何快速地在地下运动。如果它在逃跑，要想跟上它，我们也必须快跑才行。

NO.269 鼹鼠陷阱

一只在花园里不受欢迎的鼹鼠，我们可以想办法把它捉住，并让它搬家。找到一条鼹鼠新挖的行走管道，然后把一只至少25厘米高的罐头盒（或塑料桶）埋在四面平滑的坑里，让行走管道正好紧贴在用泥土伪装的桶边上。陷阱上面盖上一块石板，以便随时可以查验。第二天早上，或许鼹鼠已经掉到里面。然后把它取出来，放到一个可以吃各种害虫的地方。注意：鼹鼠属于自然保护动物，只允许在自己的花园里捕捉，而且必须小心，在成年人的指导下行动。

NO.270 嗅觉灵敏的掘土大师

一只被我们捉住的鼹鼠，可以放在一只装有不太干燥的泥土的木箱中，进行一段时间的观察。由于它每天需要吃相当它体重一半的蚯蚓和昆虫，所以必须很快就把它放掉。鼹鼠灵敏的鼻子可以穿过10厘米厚的泥土感觉到一只昆虫的动向。你可以把一条蚯蚓放在硬石板地上爬行，然后把一只鼹鼠放在蚯蚓爬行的轨迹上，它就会丝毫不差地沿着蚯蚓的轨迹前进，直到找到蚯蚓。（注意：触碰鼹鼠时，记得要带手套！）

NO.271 藏起来的坚果

雌松鼠采集坚果时总是带着它的孩子。它们从冬眠的地方出来，围绕着榛子树巡视，爬上挂有果实的小树枝上蹿跳，让果实掉在地上。其中的一部分坚果，它们会藏到树洞里或埋在地下，等到了冬天，甚至都还可以在积雪下面找到。如果你发现在附近出现了松鼠，就可以去考验一下它们的嗅觉。你可以把一个封口的榛子口袋，摆放在窗子外面。松鼠就会闻到榛子散发出的香味，那包榛子很快就会被发现和吃光。

No.272 原始本能

猫和狗在地毯上或篮子里躺下睡觉之前，常常要就地转几个圈。

这是动物在原始时期就具备的一种本能表现。家猫的祖先野猫，当时不得不在草丛或芦苇中安歇。它们当时就学会了用转动身体把周围的枝杆压倒，最后变成一个温暖柔软的卧榻，而且同时也可以梳理自己的毛皮。

No.273 闪光的眼睛

猫、狗、鹿和其他夜间出入的动物，在暗中被照射时，眼睛为什么会闪光呢?

车灯的光被眼睛中的一种反光层反射了回来。这是一层由微小的“嘌呤晶体”组成的材料，鱼鳞会闪光，也是因为有这种晶体存在。由于这些晶体存在于虹膜下面，通过反射在感光细胞上产生双重图像效果：首先是照射过去的光线，然后是反射回来的光线；这也是夜间活动的动物能够在黑暗中看见东西的原因。

NO.274 猫和狗为什么有时要吃草

有人说，如果一条狗或一只猫吃青草，那就是要下雨了。这只是一个古老的迷信而已！不过我们知道，动物其实很喜欢吃一些新鲜、较成熟稍有些木质的枝梗，尽管它们的嘴并不完全适应这样的食物。它们之所以这样做，是因为它们具有一种调节消化的本能需求。

就像是人如果在食道中塞住了一口食物，需要吃一块干面包解决一样，植物纤维也可以帮助动物清理肠胃。动物吃下的骨头碎片、剩余皮肉、羽毛和它们舔自己皮毛吞进的很多毛发，均可在草梗的帮助下排出体外。

NO.275 动物之间的互助

在炎热的天气，马匹在牧场中一般都成双成对地贴在一起，而且是头靠着尾巴。这对抵御苍蝇、牛虻和蚊虫的叮咬均有帮助。每匹马摇摆尾巴时，不仅能够驱散自己后身和腹部的蚊蝇，而且也可以照顾到另一匹马的头颈部位。眼旁和鼻子上的蚊蝇，需要靠不断摇头把它们赶走。

NO.276 蚯蚓的本能

在花园里，把一块直尺大小的木板插入腐殖土中，然后用手指轻轻敲打木板，周围就会有很多蚯蚓从土中爬出来。难道蚯蚓是为了逃避鼹鼠的入侵而逃跑吗？还是因为木板的响声使它们以为是天在下雨？

两者都是可能的。下雨并不能把蚯蚓从土中引诱出来，它们之所以要出来，是因为雨水灌满了它们的巢穴，使它们无法呼吸所致。

NO.277 五彩缤纷的蜗牛外壳

谁要是收集蜗牛壳并分类整理，就能知道它们有多少种形状和颜色。大部分品种——从上面看——是向右旋转的。但你在向右旋转的蜗牛壳中，有时却能够发现一枚变异（遗传标志改变）的品种，它的外壳是向左旋转的。这是收藏中的稀有珍品！有时你还能发现许多被打开的蜗牛壳堆放在一块石头周围，肇事者就是乌鸫：它们在石头上把蜗牛壳敲碎，然后把里面的肉吃掉。

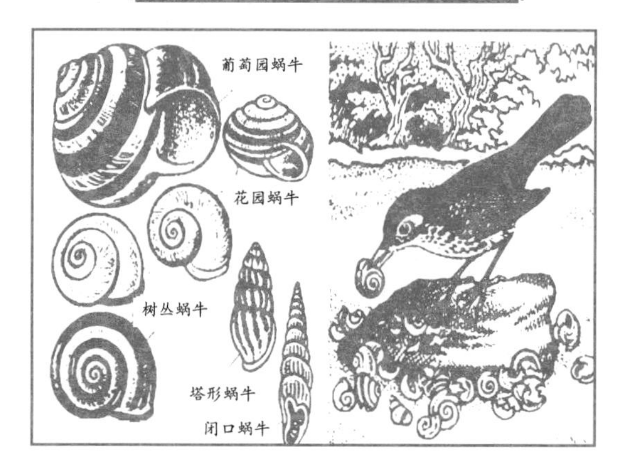

NO.278 蜗牛的甜食

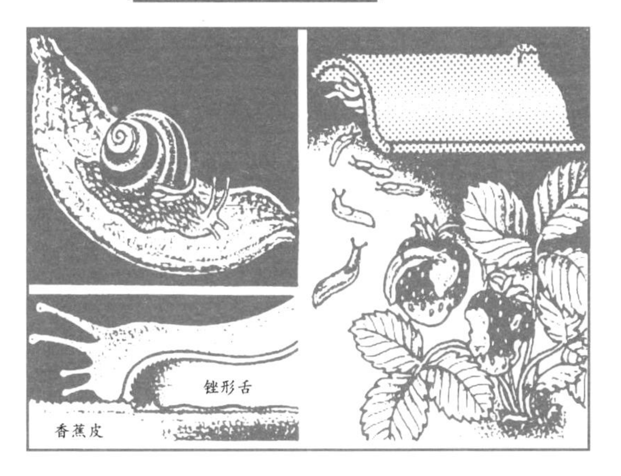

把一只葡萄园蜗牛放在一块刚刚剥下来的香蕉皮里面，它立即就会吃起来。它的舌头就像是一把长满成千根细小倒刺的钢锉，把香蕉皮上的白色肉层锉光。除了各种鲜嫩的植物叶子以外，蜗牛尤其喜欢吃甜的东西。田地里的小黄褐色蜗牛夜里专吃蔬菜和莓果的叶子。它们没有保护壳，所以在清晨之前就爬回到潮湿的隐藏地去。

NO.279 蜗牛的速度

蜗牛足上的无数腺体会排出一种黏液，它实际是在黏液中滑动前进。因此，即使在锋利的刮脸刀片上爬行，它也不会受到伤害。

如果从下部通过一片玻璃观察，你就可以看到它的条状足迹，以均匀的速度向前移动着。它们通过肌肉的波浪形收缩而向前运动，足的后部往前拉，而前部则向前推。葡萄园蜗牛的爬行速度大概是：每分钟12厘米。

No.280 自然的保护

一只乌鸫把尖嘴插入泥土中找到了一条蚯蚓，试图把它拉出来。但蚯蚓却依靠身上的尖刺牢牢顶住洞穴壁上不出来。即使身体被扯断了，它剩余的部分还会缩回到土中。缩回的如果是头部，它则仍能存活，重新长出一个尾部来。春天，身上有一条橙色腰带的蚯蚓十分显眼。鸟类对这类蚯蚓是十分忌讳的，因为这条橙色腰带中除了虫卵之外，还藏有可怕的毒素。

No.281 昆虫与花朵的颜色

留心观察花园里落在晾晒衣物上的蜜蜂、牛虻和蝴蝶，数一数它们落在不同颜色上的次数。你可以发现，昆虫最喜欢的颜色是黄白两色。它们也是这样对待花朵的，全红的花朵上只能看到蝴蝶，其他昆虫是看不见红色的。这一点特别可以在森林中得到证实。由于在阴暗的环境里，深色花朵，如红、紫和蓝色更不容易被发现，所以那里几乎只长白、黄和玫瑰色的花朵：其他颜色的花会被昆虫所忽视，不予传递花粉，因而不能结籽而枯萎。

NO.282 为蝴蝶准备的诱饵

从桦树破裂的树干中流出的芳香四溢的甜液，会引诱很多彩色的甲虫和蝴蝶，例如孔雀蝶、红蛱蝶，甚至极其稀少的柳青。这种发酵的甜液，是会使昆虫喝醉的。

如果用黑麦啤酒、糖浆、苹果酱和一点拉姆酒混合起来，也可以在夏季的晚上吸引大批夜蝶。办法是：用一张餐巾纸，蘸上这种液体，塞进一只酸奶杯中，做成花朵的样子，穿在一根小棍上，就能达到吸引的目的。

NO.283 手指上的蝴蝶

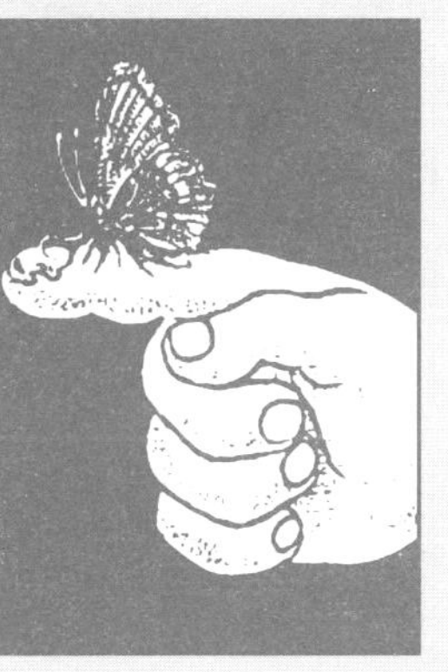

在落在地上的腐烂水果上，我们常常可以看到有蝴蝶伏在上面。它们在吮吸发酵的甜蜜的果汁，甚至在上面无法离开，你可以捏住它的翅膀外侧将它拿在手中。

千万不要触捏蝴蝶的有粉状彩色鳞片的内侧，也不要让蝴蝶在手中扇动！红蛱蝶和孔雀蝶会安静地立在你的手中，如果你把一滴果酱放在它的前面，它就会伸出17毫米长的吸管，插入果酱中充分享受。

NO.284 天然的花园肥料

在花园里会有很多干枯的落叶被卷成圆桶状插在土中，还有干枯的草梗奇怪地像小旗杆一样被直立地插在草地上。这里面隐藏着一个环境大秘密。

夜里，蚯蚓的头部从洞穴中钻出泥土，寻找落叶和剪草坪时剩余的草梗，然后用嘴把它们向地下拉，等它们腐烂后，蚯蚓再把它们吃掉，然后把它们和穿行身体的泥土一起，加工成为到处可见的蚯蚓土丘（A）。其中包含着肥沃的腐殖土粒。

NO.285 银色天社蛾的保护色

银色天社蛾在白天看着就像是一根枯枝，它的树皮般图案的翅膀紧裹着身体；在胸部和翅膀尖端各有一个黄点，加上周围的深褐色的锯齿般边缘，极像是一段木头。

蝴蝶的翅膀图案是会不断变化的。因为在长期演变过程中，只有那些翅膀图案最能随环境变化而得到最大保护的蝴蝶，才能繁殖和生存下来。

No.286 伪装和警告

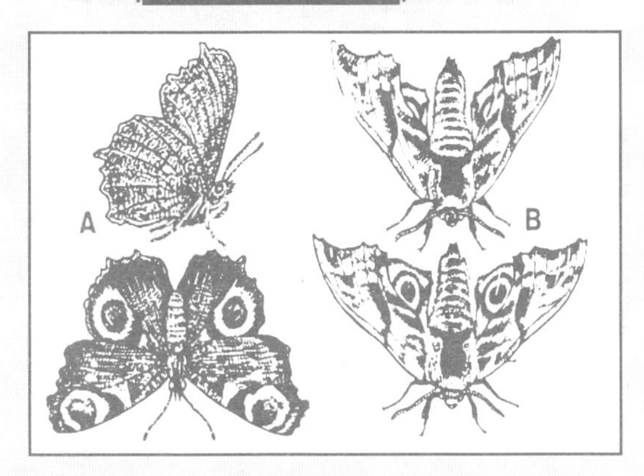

一些蝴蝶的翅膀上会显现出奇妙的图案，通过这些令它们的天敌的颜色和图案，来吓跑天敌。

孔雀蝶在静止时，会通过浅淡的颜色来掩护自己，而一旦遇到危险，它就会把翅膀展开。大多从正面袭击它的鸟类，这时会突然看到一幅猫头鹰的面孔（A）。夜孔雀蝶在静止时，看起来是一幅沉睡中的猫的面孔。而当它遇到危险时，会突然把前翅展开，显示出两只可怕的眼睛（B）。

No.287 迷途的蝴蝶

为什么在夜间，很多蝴蝶都飞在路灯附近呢？原来，它们并不是被光所吸引，而是被光引入了歧途。因为它们在黑暗中飞往蜜源是根据月光来指示的。

它们本能地知道，只要月光照射它们的同一侧的眼睛，它们就可以笔直飞去。但当它们飞越路灯时，却把它当成了月亮。为了在同一方向得到月光的照射，它们偏离了原来的轨道，接近路灯，并围绕着它不断飞行。

NO.288 雪中的蝴蝶

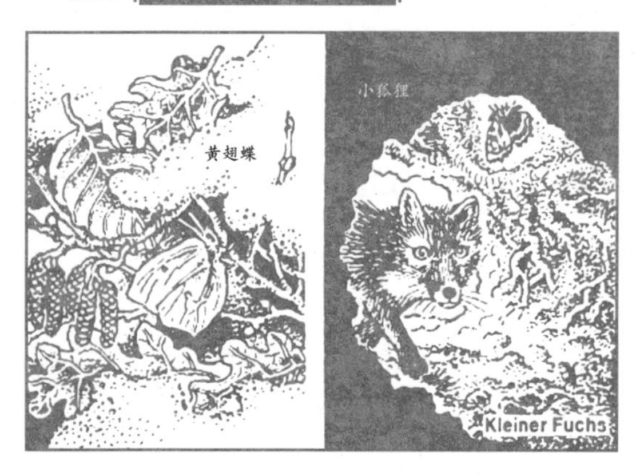

秋季，孔雀蝶会出现在通风的阁楼上、地下室或库房里，并准备开始——把触角夹在翅膀里——冬眠。在生暖气的房间里，我们必须及早把它们移开，因为它们在干燥的房间，或者在蜘蛛活动的附近是不会存活的。

红棕色蝴蝶一般会寻找洞穴栖息，比如在狐狸洞附近。而黄翅蝶，却能在露天的雪中冬眠，被严寒冻成玻璃状来度过漫长的冬季。令人惊异的是，这种蝴蝶到了来年三月又会复活，然后在雪地里晒太阳和产卵，到了七月，就会生出新一代蝴蝶来。

NO.289 蚂蚁洞穴中的共生现象

我们有时能够在植物的叶片下，看到一些天蓝色、褐色或赤铜色的蝴蝶，它们和蚂蚁在一起，共同吸吮叶虱身上的甜汁。

小型蝴蝶和蚂蚁之间有着一种奇怪的友谊。它们的绿色幼虫会分泌一种甜味的腺液，是蚂蚁十分喜欢的食物。所以蚂蚁常常把大批蝴蝶的幼虫拖进洞穴并在那里加以喂养。当蝴蝶从茧里钻出来，蚂蚁就把它送出洞外。

No.290 蟋蟀警卫

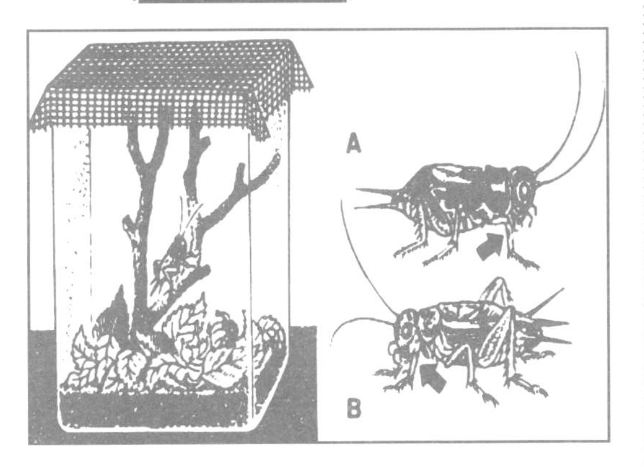

夏天的晚上，蟋蟀轻轻唱起“蛐——蛐——蛐”的小曲：野外的蟋蟀长着闪亮的黑头（A），而家蟋蟀则是黄褐色（B）。你可以捉住一只蟋蟀，放入一个塑料盒中，里面放些沙土和树叶，并用麦片、水果或昆虫喂养。它不断摩擦翅膀，发出了“蛐蛐”的声音。

在中国，自古以来就把蟋蟀当作看家警卫装在笼子里饲养。只要位于前腿部位的听觉器官（见箭头）听到一点轻微的声响，蟋蟀就会立即停止叫声。

No.291 “金眼睛”

在早春季节，我们会在窗子上突然发现几只草蛉。这种大约2厘米长的嫩稚的小生物，长着透明泛绿的翅膀，闪闪发亮的金绿色眼睛，常常躲在我们的房间里过冬。我们可以用糖水和生肉末喂养它们。

等春天到了，阳光又会把它们吸引到屋外。我们可以把它们送到花园，最好放到肥料堆上或灌木丛中。在那里，它们很快就会在叶子上产出带有长柄的卵。它们的幼虫和成熟的草蛉一样，喜欢吃叶虱。

NO.292 毛虫猎手

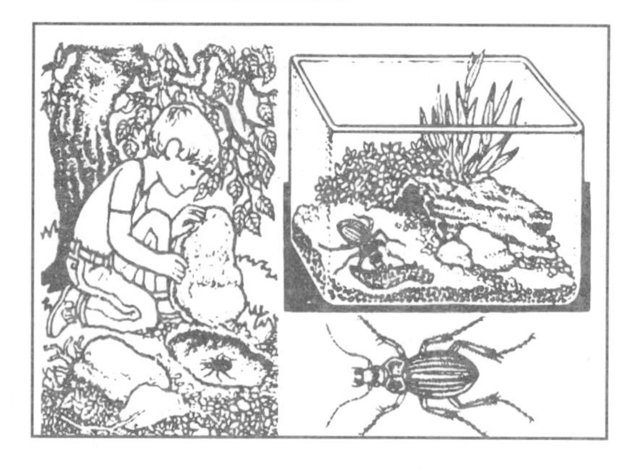

如果你在花园里揭开一块石板或者一个树根，就会看到一些甲虫——黑色的果园金龟子和金绿色的金匠花金龟子——匆忙逃走。这些身长约3厘米的甲虫不会飞，也几乎不会攀登，所以你可以把它放在一个没有盖的塑料盒里进行短暂的观察，里面要放一些潮湿的泥土、绿苔和树皮。

这两种甲虫有着钳状的嘴，特别适合追捕毛虫。它先向猎物喷射一种消化液体，然后把毛虫吸干。但对那些长着长长茸毛的蝴蝶幼虫，它们却束手无策。

NO.293 叶虱的天敌

七星瓢虫到底有什么用处？当我们把一只这样的瓢虫放到驻满叶虱的叶子上，就可以知道了。它立即就会吃掉几只叶虱，而且也不会被正在那里挤叶虱“甜奶”的蚂蚁赶走。还有那些灰紫色、黑色和黄斑色的瓢虫的幼虫也靠叶虱的营养成长。如果把一根带有虫茧的树枝放在玻璃瓶中，我们就能够看到瓢虫钻出来的全过程。另外，瓢虫很喜欢吸食蘸湿的方糖。

NO.294 让苍蝇复活

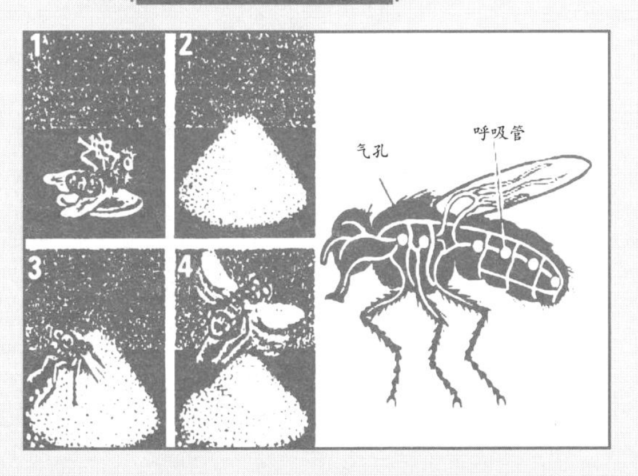

一只家蝇掉进水里，过几分钟就好像已经没有了性命。但在大多情况下它是可以复活的：把苍蝇从水中拿出来，用半汤勺干燥的食盐把它埋起来。大约过20分钟，苍蝇就会扇动起翅膀，从盐堆里飞出来。

如何解释这种现象呢？

掉在水中的苍蝇只是休克了过去，因为它身体、翅膀和腿上的很多细微的呼吸管里进了水，所以各个器官得不到氧气。盐的结晶具有吸水性能，把苍蝇呼吸管中的水吸了出来。

NO.295 冬天的苍蝇

在墙壁上趴着一只死苍蝇，它只是用腿上的吸盘贴在了墙壁上。它很苍白，这表明它受到了一种真菌疾病的感染，每年秋天会有大批苍蝇死于这种疾病。这是一种固定的真菌，通过它的孢子，传染给一个又一个苍蝇，然后它的菌丝在苍蝇体内繁殖。

只有少数雌蝇可以在屋子里面活着过冬。但这对苍蝇种群来说就已经足够了，因为每一只苍蝇在夏天通过数代繁殖可产数十亿只后代。

NO.296 危险的苍蝇

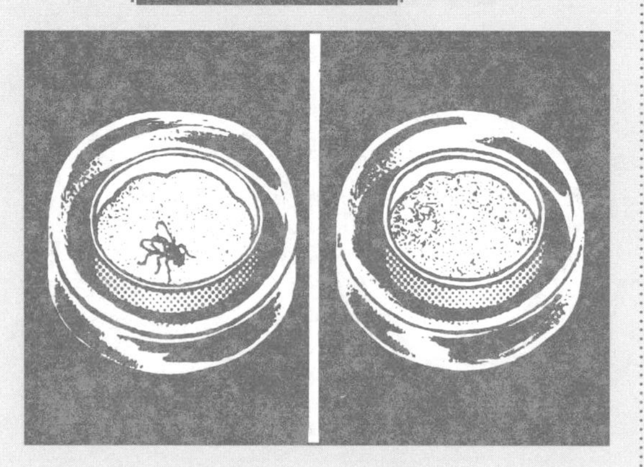

苍蝇在我们的食品上传播病菌，这我们可以自己来验证。融化一小块汤料，用淀粉让汤料浓厚一些，然后放在一个干净的铁盖上，用玻璃把它盖上，冷却。抓一只家蝇，放在玻璃盖下，让它在营养液上走过几遍，然后再拿出来。过一到两天之后，在苍蝇走过的地方就会出现乳白色斑痕。那就是苍蝇留下的细菌群，在这期间得到了繁殖。

NO.297 苹果里的虫子

虫子是怎么进入苹果里去的？准确的说，苹果里的虫子是小卷叶蛾的幼虫。初夏时，它在幼果上产卵。孵出的幼虫钻进果肉，破坏果籽。苹果成熟之前，它又开辟一条新路，从里面钻出来，最后悬在它自己分泌的一根丝上从树上下来，并在树皮里面寻找过冬的洞穴。

NO.298 榛子里面的声音

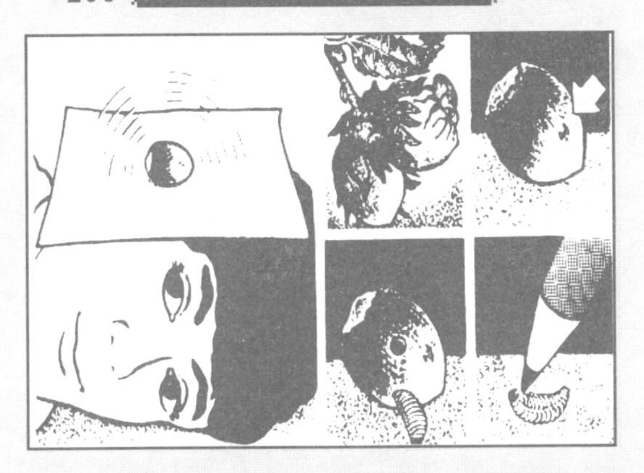

一颗未成熟的榛子外壳上的一个小伤疤告诉我们，一个“榛子小钻头”正在里面工作（见箭头）呢！每到春天，小甲虫就开始穿透尚不坚硬的榛子外壳，办法就是围绕自己的喙旋转，然后在果实里面下一只卵。

你把一只有伤疤的榛子放在一张平整的纸上，然后放在耳朵上听，就可以听到已经出来的幼虫吃果实的沙沙声。它把内核吃光，正好满足它成长时营养的需要，到了九月，它就会在外壳上挖一个圆孔爬出来。如果你用一支铅笔刺激它，它就会把锋利的钳嘴显露出来。

NO.299 剪裁出的孵化巢

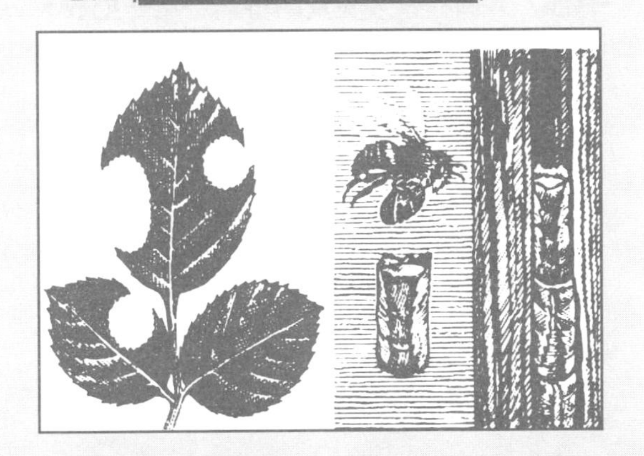

在玫瑰和苹果叶上我们可以发现圆形和椭圆形的孔洞，而且带着锯齿形的边缘。这向我们显示了剪叶蜂的工作成果。它用锐利的钳喙首先剪出椭圆形叶片，然后携带它飞走，送到树木缝隙或植物梗管之中。

在这里它把数张这样的叶片卷成一个顶针形状的容器，在里面注满蜂蜜和花粉，然后产卵，再用一个大小正合适的圆形叶片盖封死。而且，这样的孵化巢还可以在隐蔽处一个一个地摞起来。

NO.300 会飞的蜘蛛

九月，有很多纤细而闪亮的蛛丝在空中飘浮，人们称其为晚夏的游丝。用一把放大镜你就可以看到，每一根游丝末端都悬挂着一只小动物。这主要是幼小的虾蛛，在游荡中寻找冬天的栖息地。

它们爬上植物、栅栏或者围墙，从尾部的蛛腺喷射出细细的蛛丝。风吹动了蛛丝，连同小蜘蛛刮走，有时只是吹到旁边一棵植物上，但也常常吹得很远。

NO.301 马蜂的建筑材料

在一个宁静的夏日，是谁在池塘的芦苇丛中制造着清晰的沙沙声？人们开始时还以为是老鼠，但最终却发现，原来这是马蜂在作怪。

马蜂们用钳喙咬断干枯的芦苇和鸢尾兰的叶，在唾液中把叶子的纤维咀嚼，变成纸浆一样的材料。马蜂就是用这种粥状的东西在地洞、树木或屋檐下修建它们的球形巢穴。巢穴的内部分为多层，挂着蜂房和蜂卵。在城市中，有时也能够在广告牌和广告柱上看到马蜂。它们正在那里制作它们的“纸浆”呢。

NO.302 花园里的培植试验

温暖的早春天气里，我们可以看到榛子树的某些花蕾中，伸出长长的紫红色的线状蕊心（箭头），这就是榛树的雌花，在风中，它黄色的花粉会被传递到雄花的流苏状的花序之上。

我们可以用一支画笔蘸上少许花粉（尽可能在另外一棵榛树的花序上），扑到红色的花序上，然后在相应的花上系上一块布条作为标记。这样，你就可以观察受粉后的花朵如何在发生变化，最后从子房中长出榛子来。

NO.303 压力造成的稳定性

把一支蒲公英梗茎剪开四条，放入一杯水中，四条梗茎就会卷曲成螺旋状态。这是为什么呢？

梗茎的内层由海绵状细胞组成，通过吸收额外的水分发生膨胀，因此卷曲。而没有剪开的梗茎，则通过薄而结实的纤维外层保持稳定。它抵御了纤维外层的压力，保证了梗茎的挺直——这可以和充满气的内胎和自行车外胎的关系相比。

NO.304 花园里的爆裂

冬天，果树干常常会钙化。为什么？早春阳光的温暖会使树干外层的汁液提前流动。如果这时出现了夜间严寒，那么汁液就会结冰，同时出现的液体膨胀，会使汁液的流动管道像水管一样爆裂，有时甚至会在夜间发出很大的响声。出现的裂缝，虽然会被分泌的液体封住，但仍然会有腐败病原体侵入。钙化了的树干能够反射阳光，所以不会吸收过多的热量。

NO.305 蚁路边上的堇菜

如果在蚂蚁通过的路上撒下堇菜的种子，蚂蚁就会立即把它们拣起来带走。如果事先把种子上微小肥厚的附加物去掉，则蚂蚁就不会再理会它们。

蚂蚁确实收集从堇菜果实夹中落下的种子，但只是为了那些有甜味的附加物。它们大多在途中就把果夹咬开，把真正的种子留在地上。种子在这里发芽，所以堇菜常常生长在蚂蚁走过的路上。

NO.306 喷射毒汁的植物

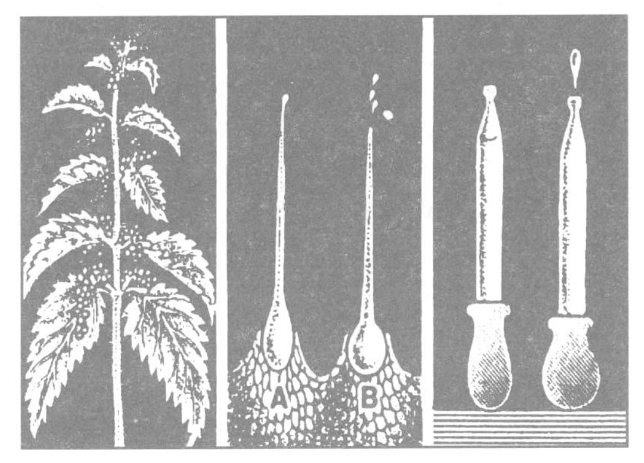

为什么手碰到了荨麻会感到刺痛？这种植物的叶和梗上都长着无数的刺芒。每一个刺芒就是一根单独的植物纤维，由一根小管构成，小管的尖端很脆，就像是玻璃。另一端是一个有弹性的气泡，其中装满了含有蚁酸的液体（A）。每一个刺芒就像是一根吸管（见右图）。有人碰到它，尖端就会破碎，下端产生的压力就会压迫气泡里的毒液喷发出来（B）。

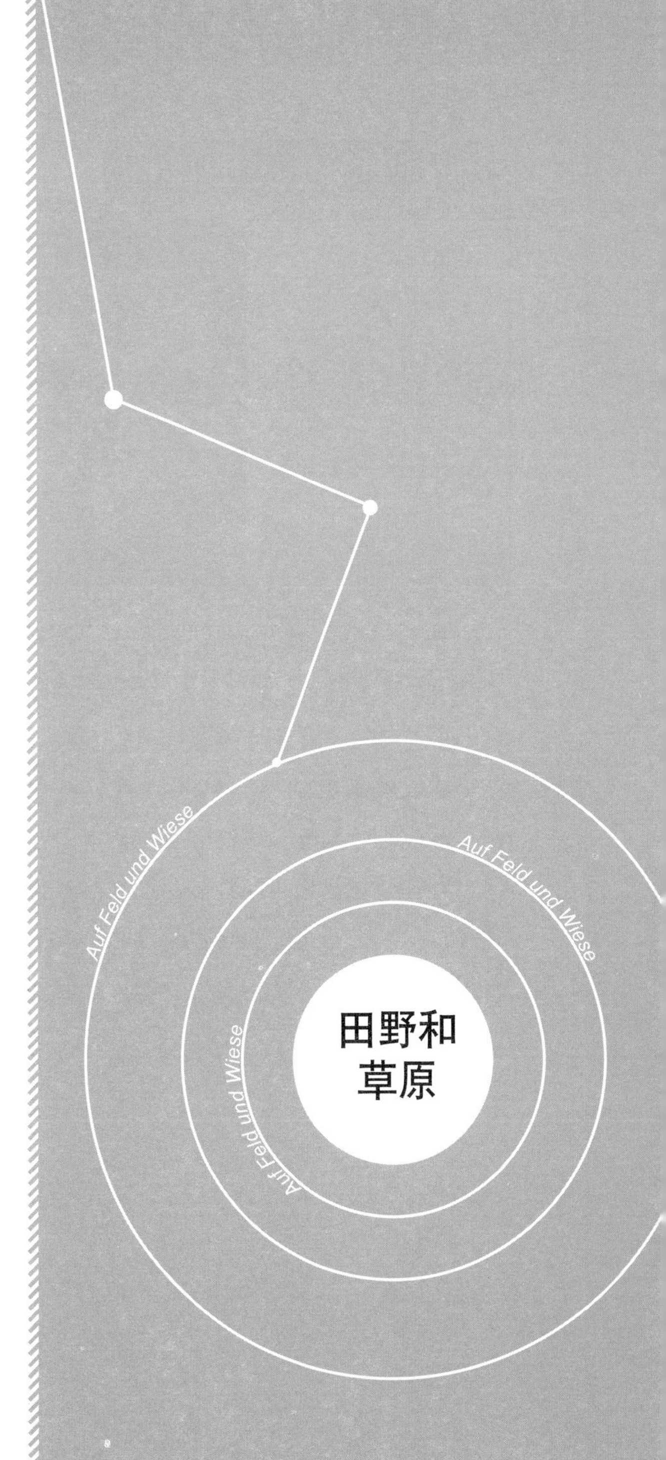

No.307 斗篷草上的珍珠

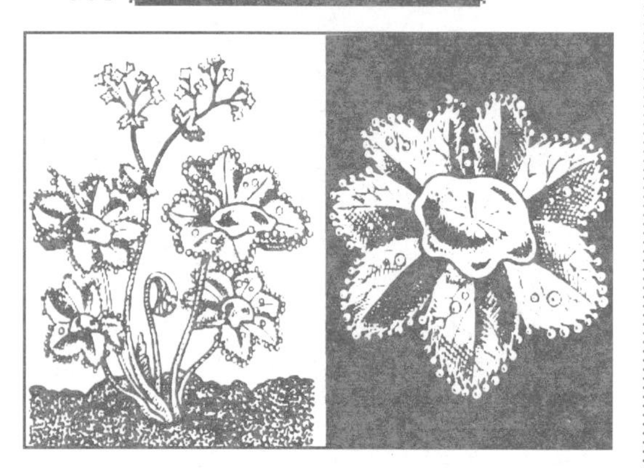

斗篷草是在草原和灌木丛中可以经常看到的一种植物。在一个潮湿闷热的夜晚之后，到了早上，它的玫瑰花饰般的花瓣，会被一圈水晶般的水珠所环绕。这并不是露水，而是从叶脉末端分泌出来的水滴。之所以会这样，是因为斗篷草在闷热夏季的潮湿空气中，无法把从根部吸收的水分全部通过毛细孔排出。于是这些水滴在花瓣中间的低凹处形成一个小水洼，像宝石一样闪闪发光。

No.308 月见草开花

在一个温暖的夏天晚上，我们可以看见月见草开花的过程。这种植物我们可以在田界、路边和垃圾场看到，在花园里有时也能看到。无数夜蝴蝶和野蜂在黑暗中常常被它所吸引。

日落时，当我们看到萼片已经微出萌芽时（图1），就要等在那里观察。萌芽突然开始运动：它不停地展开，最后形成朵朵发光的深黄色的花朵，而萼片则翻到了后面（图2）。所有这个过程只持续约三分钟的时间。到了第二天晚上，这些花就几乎凋谢了，而新的花朵又将开放。

NO.309 树枝堆中的生命

去年留下的树枝堆。到了春天应该把它烧掉吗？为了对大自然的热爱，不要烧！

对刺猬来说，树枝堆是它们白天栖息和冬眠的场所。它一直要沉睡到四月。

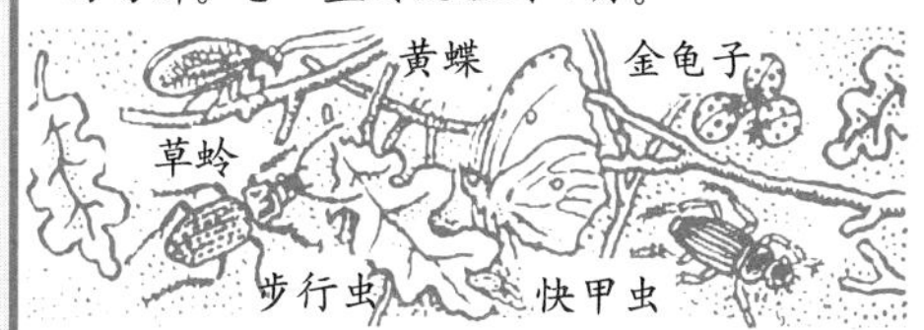

还有很多种昆虫也在树枝堆底层的潮湿腐败的温暖中越冬。

蟾蜍、水蝾螈和游蛇常常和平地共同生活在树枝堆中。

各种蜘蛛和它们的茧，都是幼鸟在春天的美食。

鼩鼱在树枝堆里生儿育女。鼬鼠在旁边并不干扰它们。

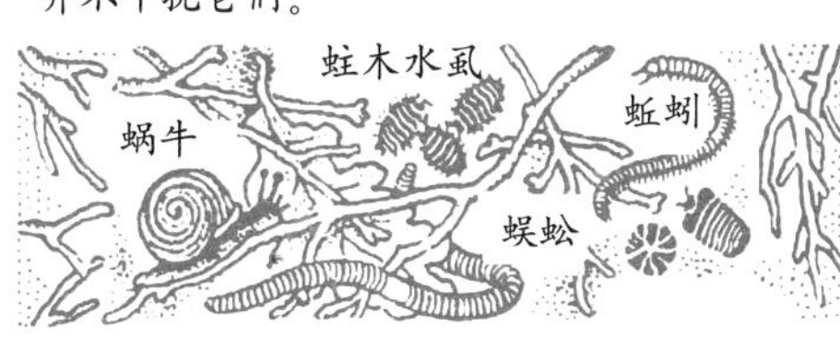

很多有益的昆虫在里面把腐朽的树枝加工成优质肥料。

谁要是仍然想点燃篝火，那就应该挑选一部分树枝，搬到另外的地方去烧。

NO.310 柳树头木林的秘密

为什么柳树头木林常常成排生长在草原边缘和田界上呢？答案很简单：它们是从木桩上长出来的，而这些树桩是很久以前从绿色的柳树上砍下来，在这里被埋在了地下。

在潮湿的土地里，这些树桩生了根，逐渐长成了树木。由于笤帚状的枝杈经常被剪枝，所以时间久了，就在树干上留下了伤疤，久而久之，就长成了头状的树冠。

我们可以做个试验：把柳条插入花瓶的水中，过几天就会生出根来，这时就可以拿到外面种植了。

NO.311 牧场上的斑迹

在某些牧场上，奶牛在夏天会把草连根吃掉。但我们却仍然可以在牧场中看到很多所谓的“茂盛斑迹”，即牲畜不去碰的茂盛的绿草丛。

牧民的说法是：“即使再饥饿，牲畜也不会去碰它们自己的粪便上长起的绿草。”确实，在春天留下的牛粪堆上，由于肥料过于丰厚长出了这种精美的粪草来。这种低质量的草长得很高，但对牲畜来说，味道却不怎么样。

NO.312 帮助刺猬

初冬时，有时会在外面发现一只刺猬——在寒冷中萎缩着——它没有找到合适的冬眠场所。但也可能是在冬眠中被寒冷冻醒，想出来找一个更好的栖息地。

为了保护这样的刺猬，千万不能把它带回家中，否则它很快就会死掉的。最好在外面给它找一个地方，让它能够安全地进行冬眠。一堆树枝，一个树洞，一丛树叶，或几块石头，都是刺猬的理想栖息地。它还可以到花园去，在蔬菜田里捕捉夜蜗牛充饥。

NO.313 保护小兔子

如果你见到几只幼兔在田野里，似乎被人抛弃，你可千万别去摸它们！因为母兔每天都要来三次哺乳这些幼兔，而人的味道会把它吓跑的。

幼兔，以及其他有毛的新生幼兽，没有自己的味道，所以狐狸也闻不到它们。为了安全起见，母兔喜欢把幼兔放在撒过肥料的土地上，肥料的味道能够掩盖它们的痕迹，而且褐色的皮毛也可以完全把幼兔伪装起来。

No.314 野兔的育婴室

一只狗在地上挖土寻找老鼠时，很容易发现一些幼小的野兔。母兔不会在曲折复杂的巢穴里生育幼兔，因为那里会受到鼬鼠、鸡貂的威胁。它会把幼兔生在山坡上平挖的一个半米长的管道里，用自己的毛做卧垫，然后用泥土把洞口封死，每到清晨和傍晚的朦胧时分，它就会前来哺乳这些还不能看见东西的无助的幼崽。

No.315 野兔洞口的冰霜

野兔喜欢平坦的沙土地和起伏不大的小丘陵。它们白天睡在深深的洞穴里，这些洞穴大多是在朝阳的山坡上，最深可达三米。

在严冬季节，我们可以知道野兔是否住在洞中。如果洞口和洞旁的植物上都结了一层薄霜，就说明它住在里面，这是里面的野兔呼吸中的水分形成的。温暖的水气升到洞口，与外面的冷气相遇而结成了冰霜。在花园和田野里，我们也常常可以发现野兔挖的浅坑，但这只是野兔在寻找软嫩的根茎，而不是要在这里筑洞穴。

NO.316 兔子的狡诈

如果在雪地跟踪兔子的足迹，你有时会惊奇地发现，它突然在什么地方中断了。为了把嗅觉灵敏的狐狸或猎犬引入歧途，兔子奔跑时最多到50米，就会停下来再往回跑，然后猛然向侧旁跳出几米，再朝相反的方向跑去。

这种方法，往往是兔子在冬天或者其他季节寻找它们的“地窟”时运用的，“地窟”就是它们在白天躲避敌人的平浅的地穴。

NO.317 逃跑的方向是山坡

在地窟里，兔子一般感到很安全，如果有人接近，直到几步远的时候，它才会逃窜。在丘陵地带，兔子逃跑时，始终是朝着山坡的方向。因为它的后腿比前腿长，而且肌肉发达，所以上山的速度特别快。

兔子知道，在这一点上，它比狐狸或狗有更大的优越性，因为狐狸或狗的前后腿都一样长。在平地上，兔子由于脊椎特别柔软，所以在逃跑时可以左右跳跃，从而甩掉敌人的追踪。

NO.318 藏匿在雪下

在避风的地方，兔子有多个洞窟，以便不断更换隐蔽地点。白天，在这样平浅的地窟里休息时，它的鼻子总是朝着顶风的方向。它的微露出地面的眼睛可以观望周围的各个方向（见箭头），伏起的耳朵能够听到最细微的声音。

兔子也常常被雪给埋起来，这时它就会像爱斯基摩人生活在冰窟里一样，用雪层御寒。不过，它鼻子呼出的热气会吹出一个小洞，这个小洞就告诉我们这是它的隐藏地。另外，兔子睡觉时，眼睛也是闭上的。

NO.319 野兔(hare)还是野家兔(rabbit)?

尽管野兔由于体形大，耳朵长和后腿奇长，很容易同野家兔区别开来，但有时眼前跑过一只兔子，我们仍然弄不清楚它是什么品种。

其实两者之间有一个不容混淆的特征：野家兔跑过时，尾巴不断上下摆动，而且从远处就能看见尾巴下面的白色毛皮；但野兔却相反，在奔跑时它的尾巴是不动的，它把尾巴压在下面，或许是出于本能害怕尾巴下的白毛被发现，特别是在被狐狸或狗追踪，并在平坦的地带奔跑的时候。

No.320 罗盘植物

在夏天，刺莴苣可以取代罗盘指示方向。它开着浅黄色的花朵，大多长在朝阳的路边。它的蓝绿色至泛红色的叶子，在梗茎上转动，使其叶尖始终指着南北方向。而且它的叶叉又是挺直的，所以叶面始终朝着东西的方向。

刺莴苣的这个姿态，是为了在土地干燥的时候，防止水分过度蒸发。阳光只有在早上和傍晚才直接照在叶子上，而在中午特别热的时候，只能照到叶边。所以它的影子也就很狭窄。

No.321 带犄角的蜜蜂

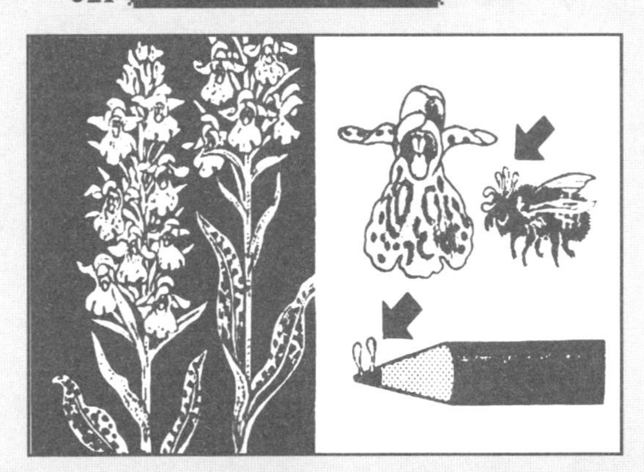

在遍开野花的草原上，我们常常可以看到头上长着类似犄角的蜜蜂。其实，这种犄角都是些装满花粉的小花篮，来自红门兰的花朵。

当蜜蜂进入这种兰花的花朵之中时，那些发粘的小花篮就粘到了蜜蜂的头上。蜜蜂带着这些小花篮再飞到另一朵花上，把花粉传递了过去；同时又粘上了另外的小花篮。你可以把一支不太尖的铅笔轻轻插入花中，抽出来时，就会带出两个小花篮来。

NO.322 自我控制的生长

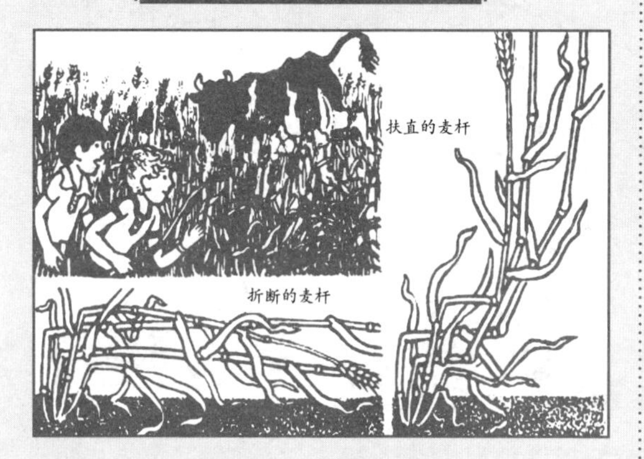

一头牛钻进了黑麦地，踩坏了一片麦杆。两个男孩断言，说被折断的麦杆还可以扶直起来。是这样吗?

我们的粮食作物均属于禾本科植物，它们的茎梗均长在茎结以上的所谓的营养区内，即梗茎上柔软和明亮的区域，它们被管状的护叶所包裹和支撑。一根梗茎如果折断，只要它还是绿色的，那么折断部位以上的茎结的生长，将通过阳光的照射而改变位置。护叶开始在阳光的背面加速生长，又把梗茎扶直，直到麦穗重新站立在阳光之下。

NO.323 泡沫房屋

在很多草原野花上，特别是在剪秋箩和碎米荠花上都能看到一种白色小泡沫球。如果观察一下这种泡沫，就会发现，有一个小小的幼虫（A）——为了躲避其他昆虫、鸟类和阳光侵袭——躲藏在里面。它把头插进植物的梗茎里，用自己的排泄物和植物的汁液混合成为一种肥皂水似的液体，并把它吹成泡沫。

把幼虫放在另一朵剪秋箩上，它就会重新建起一座泡沫房屋来，直到自己长大（B）。

NO.324 捉虫鸟

在闷热的夏天，鹿进入草原的高草丛和麦田中寻找食物和寻求保护时，它们就会特别受到蚊虫、皮蝇、牛虻和其他吸血虫的骚扰。我们可以看到成群的各种昆虫在它们的周围飞舞。

这时，鹿就会得到林中的毛冠山雀的帮忙。这种头上长着几撮羽毛的小鸟，会在鹿的身上蹦跳着捕食上面的各种寄生虫，这有些像非洲鳄鱼身上的食蛆鸟。它们甚至不放过能够钻进动物皮肤的吸血扁虱——因为扁虱正是生活在森林中的幼鸟的美食。

NO.325 白鼬的变色

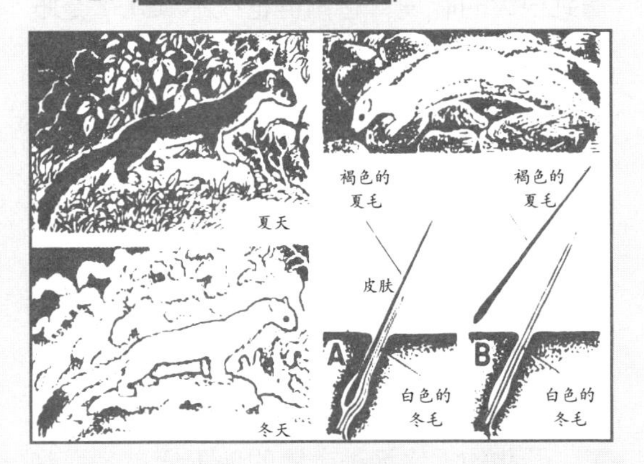

一只大白鼬闪电般地跳过一堆石头，人的眼睛几乎无法跟上它的身影。如果在冬天没有下雪，白鼬在敌人面前就会感到很不安全，因为在冬天，它的皮毛除了一点黑色的尾尖外，全是白色的。而到了夏天，它的毛皮又变成了褐色。如何解释白鼬这种在晚秋几天之内就会变色的现象呢？

原来，新生的白毛，先是慢慢在原来的褐毛旁边长出（A），等长到一定长度以后，褐毛就会很快脱落（B）。

NO.326 雪中的迷宫

当大地覆盖了白雪的时候，长耳鸮就会遇到很大的麻烦。它们再也找不到几乎是唯一的食物——老鼠的踪迹。它们晚上从森林中飞到草原，在空中扇动着翅膀，作为声波接受器。

但这时的老鼠是既看不见也听不到的。它们正在积雪下四通八达的地下迷宫之中，即使它们在里面频繁走动，也很安全。但一旦化雪的天气到来，猫头鹰的困境也就结束了，开化的雪水灌进老鼠的地下通道，那些小啮齿动物就会成群地从洞穴里逃出来。

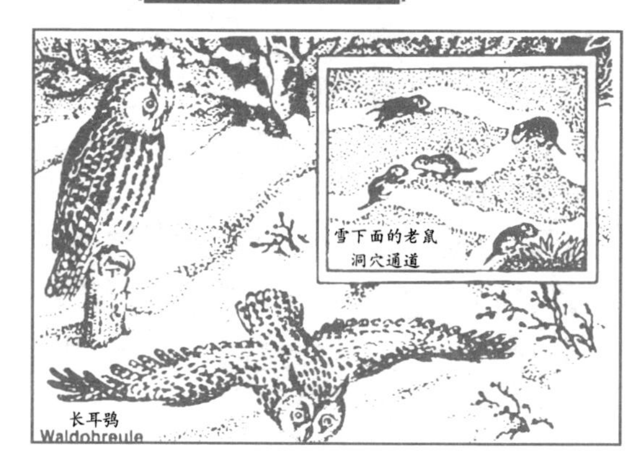

NO.327 鸟类的飞翔声音

鸟类飞行时，由于风摩擦羽毛和翅膀，会发出特有的声音。绿头鸭飞行时翅膀在空中扇动会发出嗡嗡的响声。它们长长的飞羽边缘锐利，因而会切断空气，发出响亮而颤动的声音。而仓鸮在晚上飞行捕捉老鼠时，却是无声无息的。因为它的飞羽有着锯齿形边缘，所以飞行时和空气柔和相交，翅膀上的角质也特别单薄并有弹性。

NO.328 春天的凤头麦鸡

四月，如果你在潮湿的草原上散步，就会有机会遇到凤头麦鸡。这是一种长有黑白羽毛的鸟类，头上有几缕冠毛，叫起来发出“唧唧”的声音。

如果凤头麦鸡的巢穴受到威胁，它就会尽力把自己暴露出去，吸引别人的注意力。它会装成翅膀瘫痪，似乎受了伤行动不便，以便把敌人从巢穴旁引开。它的卵——每次总是四枚——总是放在几根干燥的草杆上，完全没有遮盖，只是通过本身的橄榄绿色和表面的黑色斑点作为掩护。

NO.329 遭恨的灰林鸮

如果在一棵树上有一群鸟在乱叫，那就证明，它们发现了一只灰林鸮正在晒太阳。它是猫头鹰中最受鸟儿憎恨的品种，因为它会在夜间捕捉沉睡中的小鸟。

对鸟儿们的漫骂，猫头鹰只是做出一种怪相作为反应：它把作为外耳的面部羽毛展开，瞳孔呆滞，然后把头从一侧转向另一侧。实在不行，最后只好逃走了事，后面还跟着一大群喧嚣的鸟类。一只乌鸦在空中向它俯冲过去，啄掉它的羽毛，四下飘落。

NO.330 鼩鼱商队

如果我们在草地里突然遇到了鼩鼱带着它的一群幼崽出行，我们就能看见一种特殊的现象。由于它们感到了危险，于是一只幼崽就立即咬住母兽的后身，而其他幼崽也相互咬住，连成一排。就像是一支商队，最后一起逃向安全的地方。

这种鼠类每天要吃掉和它的体重相应的蚊蝇、肉虫、蜗牛和其他小昆虫。所以为了给幼崽足够的食物，它们必须日夜出来进行捕食。

NO.331 给毛毡苔点儿奶酪

毛毡苔的红色小茸毛上的香甜又闪亮的汁，在沼泽里招引了很多小昆虫。只要那些小飞虫一落到它们误以为的甜蜜上，它们就被捉住了。茸毛和花叶把飞虫包裹起来，用它的有腐蚀性的汁液逐渐把飞虫消化掉。

我们也可以用奶酪和肉或蛋来喂养毛毡苔。只要把微小的颗粒放在花叶上，用不了两天，就会被它“吃光”。这种植物用动物蛋白作为自己的养分，而这样的食物在贫瘠的沼泽地里是很少的。但它对面包屑却没有反应。

NO.332 动物的警报系统

动物会用各种不同的警报和惊惧的声音相互传递信息，告诉同伴说附近来了强盗，例如一只猫，一只狐狸，一只黄鼠狼。

山雀大多是用它们的大声哭嚎报警(1)。绿金翅雀则是用急迫的“咿—咿”声音发出警报(2)。乌鸫的警报声是“叽—叽—叽”(3)。如果一只松鸦感到了危险，它就会发出清晰的“拉叱”的声响(4)。野兔用后腿敲打土地，让它的幼崽赶快逃跑(5)。鹿则发出急迫而沙哑的吠叫(6)。

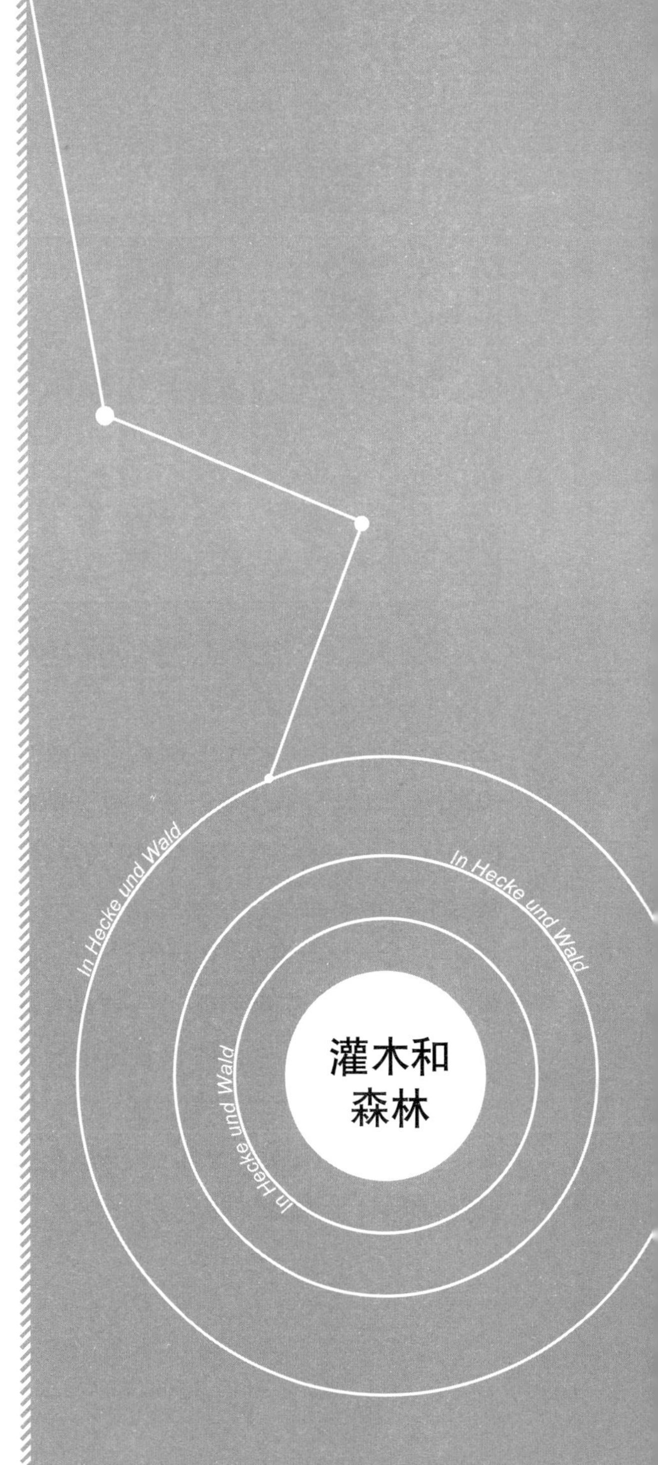

NO.333 乌鸫的语言

乌鸫发出的不同声音，告诉我们它们在向同伴传递什么信息。

旋律优美的笛音，是雄鸟在向雌鸟高唱情歌，同时也是在划出了它自己的孵化区域（A）。舒畅的“嘟—嘟”的叫声，是它们在地面寻找食物时的交谈（B）。“吣—吣—吣”之后尖利的“叽—叽”声，则是在发出警报（C）。一声响亮而急迫的“唧——”是向所有鸟类发出的警告（D），这时的乌鸫应该是发现了一只猛禽正在接近，例如一只鹞或者一只鹰，然后它就会躲起来，一动都不动。

NO.334 森林中的信号

一声响亮而沙哑的“啊——”会使整个春天的森林都为之一震。这是彩色啄木鸟在敲鼓：它的尖嘴飞快、连续不断的敲打，使干枯的树枝摇晃不已。这个信号越响亮，就越能引起雌鸟的注意，同时也就可以进一步扩大自己的领地。对于它的同类来说，这种敲鼓声就意味着这块领地已被占据，别人无权再涉足。

燕雀歌唱的目的也是这样，它在划定自己的领地，以保障以后为幼鸟提供足够的食物。

No.335 筑有围墙的啄木鸟巢穴

在树干上啄木鸟巢穴的入口处，我们有时会发现，除了一个小小的圆孔之外，周围几乎都用泥围了起来。这是那些生活在废弃洞穴里的鸟类的作品。

为了不受较大鸟类和其他天敌的侵犯，这种小鸟把原来的入口，用泥封闭起来，只留一个它自己可以出入的圆孔。这种鸟在寻找昆虫时，总是低着头围绕树干跑动。因为在树皮缝隙里，往往可以找到别人储存在这里的谷粒和坚果。

No.336 夜里的诱叫

灰林鸮在二月交尾季节，就会发出怨诉般的可怖的“呜—呜—呜”的声音，响彻夜空。这种叫声，你也可以模仿得很像：把双手展开，两只大拇指并在一起，两个手掌握成一个封闭的空间。这时你就可以把嘴唇放在大拇指的关节处（见箭头），轻轻把气吹进其间的缝隙。这时候猫头鹰可能还会回答你，并飞到你的面前。在手电筒的光线下，你可以观察它毫无畏惧的表情。

NO.337 猫头鹰的食物残余

当我们站到森林边缘或公园里的一棵猫头鹰树前时，会发现树下有很多小圆球，那就是猫头鹰的残食，也是这种树的标志。

在这样的树上，我们或许能够发现一只长耳鸮或灰林鸮。在夜间捕猎之后，猫头鹰会回到同一棵树上，蹲在树干旁，安睡整整一个白天。残食主要是猫头鹰或者其他鹰科鸟类吐出的不消化的食物残余。用一把镊子可以检查一下这样的圆球，你可以从中发现老鼠和其他小鸟的骨头、羽毛、皮毛残余等。

NO.338 鸟类的睡姿

和大部分鸟类一样，戴菊鸟——我们这里最小的鸟——也是在树上过夜的。它们相互挤在一起睡觉，看起来就像是几个大棉球。为什么大风不会把它们刮下来呢？

一切有爪的鸟类，在树上并不是用肌肉的力量抓牢树枝的。一只鸟只要从立势变成蹲势，膝盖上部的一根筋就会绷紧，爪子也就自动紧缩起来，如果你让一只鸟站在手指上，你就可以清楚地看到它处于蹲势的状态。

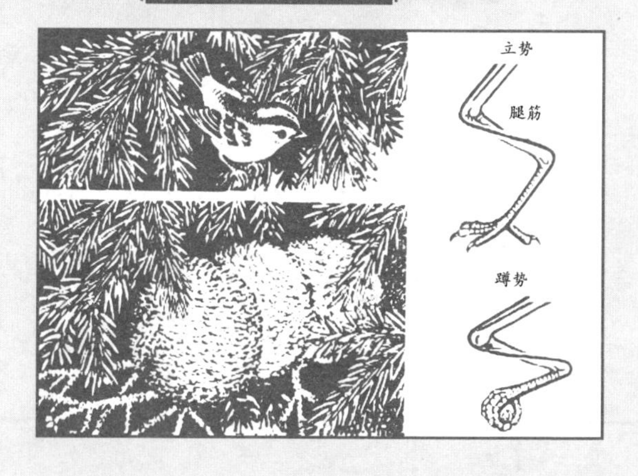

NO.339 灌木中的幼橡树

松鸦蓝色的飞羽

晚夏季节，松鸦会在城市和农村之间“游动”，寻找橡果。它们会把老橡树的树洞塞满橡果，作为它们的冬季储备。由于松鸦不是可以持续飞行的鸟类，所以它们大多沿着灌木飞行，以便随时可以落在树上休息。

飞行中，它们常常会丢失一些果实，这也就成了这里今后长树的种子。它们会把带回来的橡果也藏在森林的地下（A），但它们很少能够再把这些橡果全部找到，所以我们有时能够在针叶林中看到一两橡树（B）。

NO.340 插在荆棘上的猎物

如果我们看见灌木中的荆棘上插着各种甲虫、蝗虫、老鼠和青蛙，那你就根本不用费很长时间去寻找凶手。它这时就坐在灌木上，正在觊觎新的猎物。

那就是伯劳鸟，一种头部蓝灰，背部红褐色的鸣禽。它的强有力的尖喙，动作起来有些像是猛禽。它把抓住的猎物插在灌木的荆棘上，以便于撕碎和去掉甲虫身上的硬壳。它可能会留下一部分猎物，等猎绩不好的时候再享用，但大多数情况下它都没有必要这么做。

No.341 一个自然法则

如果我们发现地下有一只死去的幼鸟，它不一定就是从树上掉下来的。一只幼鸟常常遭到父母的抛弃，但不是由于缺少食物，而是因为它生了病，或者已在巢中死亡。

健康的幼鸟，当老鸟接近时，本能地张大嘴巴，因为它们虽然不断得到食物，但却永远不能吃饱。如果有的幼鸟不再张开嘴巴纳食，那对老鸟就意味着这只幼鸟已经没有生存能力，或者已经死亡。为了保护其他幼鸟的健康和安全，老鸟就会把它扔出去。

No.342 一棵树的生命历程

树木横断面上的年轮，不仅能够告诉我们它的年龄，而且还给我们讲述好的和坏的年份：宽轮意味着这一年阳光充足雨水充沛，窄轮则告诉我们，这一年的生长不佳。年轮上的浅色“早材”是春天长成的，由柔软、导水的纤维构成，和它临界的是毛细管狭窄和深色的“晚材”，是在夏天和秋天长成的，也就是在树木停止生长的冬季之前。

NO.343 云杉还是冷杉？

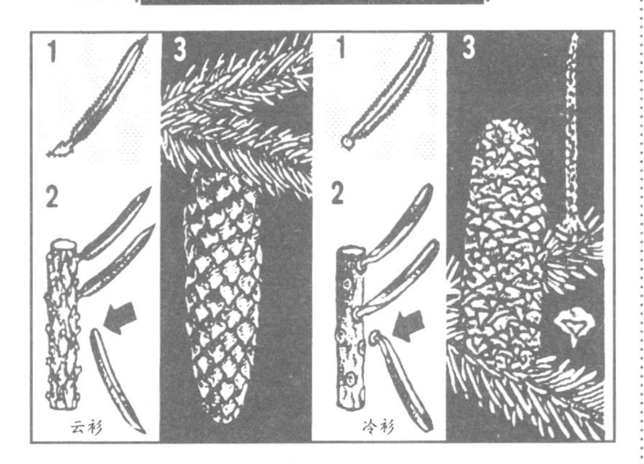

云杉和冷杉是很容易区别的，它们之间有多种简单的区别标志：

1.云杉的针叶是四棱形，而且各面均为绿色；冷杉针叶更宽一些，而且在底部有两条浅色的条纹。

2.干枯的云杉枝条，呈锉状，因为针叶脱落之后，叶柄还留在枝条上；而冷杉的盘形的叶柄和针叶同时脱落，所以干枯的冷杉枝条相当光滑。

3.云杉的球果下悬在枝条上，落下时无损伤；而冷杉球果则直立在枝条上，上面的鳞片不断脱落，最后只剩下一个光裸的果心。

NO.344 空树中的生命

一棵柳树的树干，尽管已经空到了只剩下一层薄皮，但它仍然会长出绿叶来。如果你把一根枝条上面的外皮割去一圈，而不伤害其木质部分（见箭头），那么上面的树叶仍然不会枯萎。

由此可见，由根部输送的带有营养的水分，既不是通过树里面的木质部分，也不是通过树皮传递的，而是树皮下最外面的木层，也就是在最新的年轮里，生长着一种细微的导管，来承担由根部向上输送和从树叶向下输导汁液的任务。

NO.345 养料的循环

考察一下山毛榉树林中覆盖在地面上的落叶堆，就会发现它有三个鲜明的层次。

1.最上层，被昆虫咬噬的痕迹，这是秋天刚刚落下的树叶。

2.下面，（一年之前）部分是腐败的落叶，昆虫的幼虫和茧在这里越冬。

3.再深一层，（两年之前）细碎的落叶层，通过细菌和真菌已经在很大程度上“无机化”，也就是说，它已经被分解了，它将被蔓延在这一层的树木的根毛当作养分再次吸收。

NO.346 缠绕树木的蔓藤

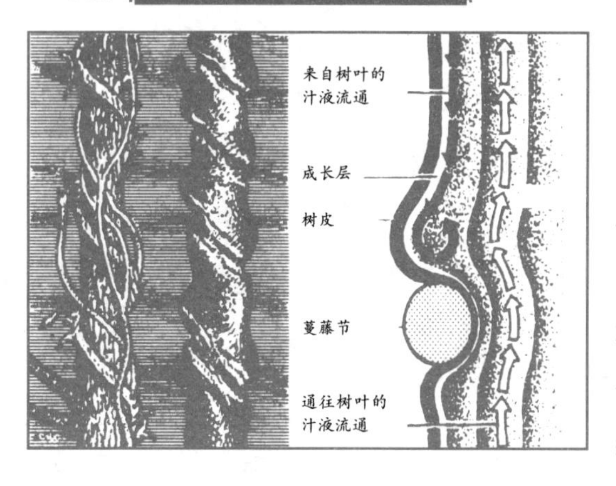

一棵年轻树木的树干，出现了像螺旋式拔塞器那样的螺纹，在纹路中缠绕着忍冬的蔓藤。如何解释树干上被蔓藤勒出的压痕呢？

已经木质化的蔓藤，早已缠绕在树上，所以当树干长粗时它并没有退缩，而是仍然紧勒住树干，使树皮下的向下输送树叶制造的养分的通道受阻。由于蔓藤的紧勒，这些汁液拥堵在这里，故而有利于此处木质和树皮纤维的生长。但从下向上的水分运输却没有受到蔓藤缠绕的影响。

No.347 树木的重心

一棵独立生长的云杉，比在森林中成群生长的云杉更能够抵挡风暴的袭击。原因是一棵单独的健康的云杉，可以从各个方面得到它生长所需要的阳光，所以它的树干、枝条和针叶能够得到均衡的发展；而在育林区和森林中，树木只能从上面得到阳光的照射，这只能有助于它长高，所以树干细瘦和易折。由于缺少阳光，它下部的枝条很快夭折，所以它的重心（S）比独立的树木位置更高；它蔓延在地面的根部很不稳固，很像是一个头朝下的不倒翁。

No.348 落叶的原因

一棵树的枝条如果在夏天被折断，它上面的叶子就会逐渐干枯。但奇怪的是，叶子却仍然挂在枝条上，直到秋天其他叶子都落下时，还是不掉下来。为什么呢?

一般情况下，落叶是由于叶柄两侧的纤维层长出一个薄薄的软木层所致，因为输送汁液的通道被关闭。而被折断的枝条上却不长这种软木层，通向叶柄的养分通道只是干枯，但却没有中断。所以，秋天树木落叶，可以理解为是树木生长历程的一部分。

NO.349 树木的弯刀形树干

为什么有些长在山坡上的树木会长成弯刀形状呢？树干的形状说明，地下正在发生微小的运动。

土地的表层由于下雨和地底冲刷而出现滑坡，逐渐使年轻的树木倾斜。但由于任何植物都有向上生长的倾向，树干在接近地表时，开始向上生长。树木只有长到一定规模以后，才能抵御地下运动的影响。

NO.350 雪漏斗

冬天出现一米多深的粉雪时，在树干周围常常会出现一个漏斗形的圆圈。在这个深凹处，鸟类可以找到食物和隐蔽场所。粉雪中的这些漏斗是怎么形成的呢？

气流（见图）被树干阻挡了平行前进的趋势，因而气流运行的路程加长，同时速度加快。根据一个物理法则，气体流动加速时压力则减小。所以树干旁边的气流中产生了低气压，从而吸走了散雪。

NO.351 共生现象

一株已经霉烂的树桩，是很多甲虫、土鳖、蜈蚣和它们的幼虫的住房和食物的所在。真菌和细菌分解了木头，形成了很多细细的通风道，使树桩保持了足够的湿度。

NO.352 金龟子起飞

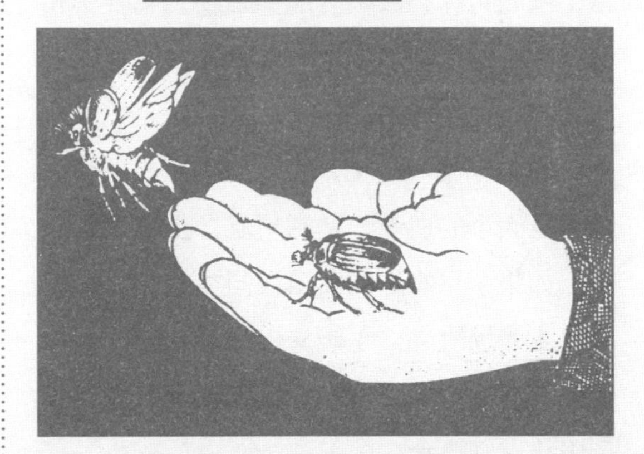

一只金龟子用它的拱形前背从你握着的手掌往外钻的情况，正和它在五月从地里钻出来的情况一样，它曾在地下作为幼虫和茧生活了三年半到四年。

在你的手掌中，它开始用呼吸管——即穿行它全身的细微的呼吸管道——给自己打气。身体鼓满空气后，就会像一只气球一样飞起来，立即朝着高树的方向——它可以看见三米远的距离——飞去。周围可食的树木，它最愿意选择橡树，它发出嗡嗡的声音，用隐藏在叶状触角里的嗅觉器官围绕树的叶子旋转着闻嗅。从它触角的数量上，我们可以分辨它的雌雄：雄虫有七个，雌虫只有六个。

NO.353 草丛中的猎手

在春天的阳光下，我们可以看到狼蛛在干燥的树叶和枝条上捕捉猎物。它并不布网，而是匆忙地前后跑跳着，然后坐在一块温暖的石头上守候。

雌蛛捕猎时还携带着它的卵茧，那是一种豌豆大小的白球，是它用丝把茧包裹了起来。如果一只蜘蛛的卵茧被同类抢去，那就会发生一场决斗。小蜘蛛出来后，母蛛同样要保护它们，始终把幼蛛驮在背上，并在爬行中给它们喂食。

NO.354 沙土中的陷阱

你或许曾在松林边缘处的松软的沙土中见到过奇怪的小漏斗。每一个小漏斗都是一只蚁狮设下的陷阱，它在沙土下面等待它的猎物。只要有蚂蚁从漏斗边上走过，蚁狮就会向蚂蚁射出沙粒，直到蚂蚁站不稳，滑进漏斗，陷入蚁狮的钳喙中。

在一桶干燥的细沙中，可以在家里观察蚁狮的成长。它是一种蜻蜓类飞虫（A）的幼虫。

NO.355 橡树叶上的虫瘿

在橡树叶上常常会看到一些球状体。那是一种野蜂——瘿蜂的孵化室。它们把卵放入叶子的纤维之中，然后在一种刺激素作用下开始膨胀，在每一个卵的外面形成一个小圆球。

如果把一个这样的虫瘿切开，就可以在其中看到一只幼虫（A）。它依靠叶子纤维中的汁液的营养成长，秋天时开始结茧。如果把一枚已经木质化的虫瘿，放入一只可以挡雨的玻璃瓶中，就可以在冬天观察到一个黑亮的瘿蜂出壳的景象。你也可以注意一下橡树上的其他类型的虫瘿，如“豆瘿”和“蚕瘿”。

NO.356 一只昆虫的足迹

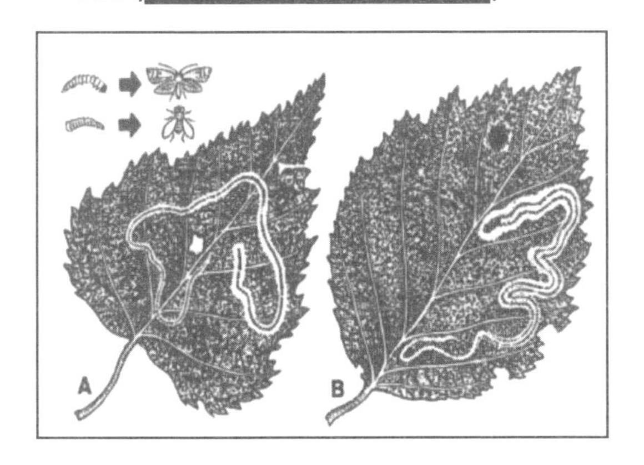

阔叶树的树叶上，常常可以看到透明而曲折的足迹，即所谓的“脉道”。这来自于小昆虫的幼虫，它们吃光了叶子内部的叶绿素部分，但留下了其余叶面。在“脉道”中间有一条黑线是脉道蛾幼虫留下的痕迹（A），而两条黑线则是脉道蝇的足迹（B）。一条脉道的细窄的开头，是幼虫从卵里钻出来的地方。脉道的较宽的末尾处常常可以看到已经成熟的幼虫或虫茧。

NO.357 六月的闪光信号

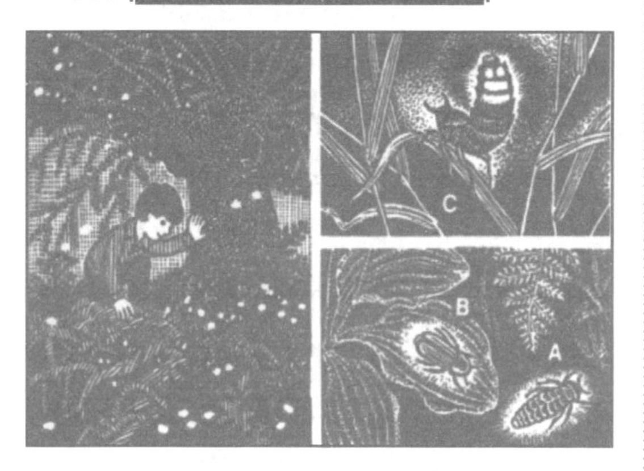

温暖的六月夜晚，在潮湿的草原和森林中的草地里，可以看到成千上万个星星在闪烁。萤火虫的雌虫（A）把后体发亮的底部翻转过来，像一盏灯笼一样来回摆动。而亮度较弱的雄虫（B）看到这个明亮的信号（C）后，立即就会飞过来。

萤火虫的发光器官包含两种化学物质，荧光素和荧光素酶。前者只要和后者一结合就会发光，产生一种没有热量的冷光。如果你抓住一只萤火虫，它的光亮会立即熄灭。

NO.358 闪光的痕迹

蜗牛为了平整道路而分泌的黏液，在阳光下干燥以后会像赛璐玢那样发光。这种黏液可以形成嫩细的薄膜，蜗牛用它封闭自己的外壳，以防止干燥。

但这种黏液还有自卫的作用：蜗牛穿过一条蚁路时，它就会受到攻击，但却没有关系！通过呼吸管，它从肺部吹出空气，把黏液吹成无法穿透的气泡墙，它可以在墙的保护下退回到外壳中去。

NO.359 怕羞的酢浆草

在春天的阔叶林中，满地的酢浆草形成了一片嫩绿色地毯。这种草的举止是特别奇怪的。你只要用手去抚摩一下它张开的小叶子，它就会缓慢地关闭起来。

酢浆草确实可以像含羞草那样做出反应：受到触摸后，它的叶柄上的纤维，以一种目前尚不能完全可以解释的方式减弱了压力，就像是折页一样把叶子关闭起来。在黑暗中，或者在强烈的阳光照射下，酢浆草也会做出同样的反应。

NO.360 会爆炸的果实

凤仙花被人们戏称为“别碰我”，这种开黄色喇叭花朵的植物，可以在荫凉的灌木丛中找到。年末它将结一种微型黄瓜一般的果实，你只要一碰到果实的外皮，它就会在你的手指上突然“爆炸”。

凤仙花果实有五个小盖，当你触碰它时，小盖就像钟表发条一样突然卷了起来，把里面的种子甩向高空。原来，凤仙花成熟果壳的缝隙已经松动，果夹的内外层处于紧绷状态，所以只要一碰就会爆开。

NO.361 空气纯净的标志

高山上或者海岸地区的森林，都非常美丽动人。树上到处覆盖着一层茸茸的银灰色的藓类（地衣）。你仔细观察这些藓类，可以清晰地看到各种神奇的图案。

藓类由子囊菌和藻类组成，它们相互提供营养。由于它们的养分主要来自空气和雨水，所以对空气中有毒物质十分敏感。在城市里，根本就看不到藓类出现。它成长越是繁茂，就说明此地的空气越是纯净。

NO.362 地衣的年龄

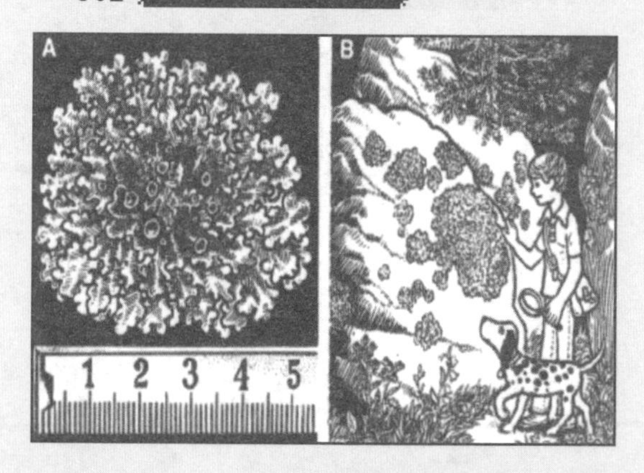

隔一年记下一块地衣（藓类）的大小，就可以知道它的直径每年长大多少。长在树皮、木板和石头上的黄色或绿色的圆形叶状地衣（A），每年生长大约1厘米。所以地衣的年龄可以用米尺来计算。

长在山区岩石上形成绿色硬壳的地图状地衣（B），每年却只长大1毫米。在阿尔卑斯山上，它们只在有冰川融化的地方形成。它们的大小可以告诉我们冰川是何时移走的。

▸NO.363 站成圆圈的菌类

森林里和草原上常常可以看到蘑菇站成一个“巫婆圈”。这样一些圈，早年被人认为是巫婆跳舞的地方。实际上，这种圆圈现象是地下菌丝特殊生长所造成的。

菌类孢子发芽的时候，菌丝开始生长，真正的菌类植物，其生长方式是网状放射式向各方蔓延的。在几年的过程中，菌丝内部的衰老部分，开始死去，只有较年轻的部分，以圆环的形式保留下来，每年继续长出地面，在合适的生长环境中结成果实，被我们称为蘑菇。

▸NO.364 孢子图像

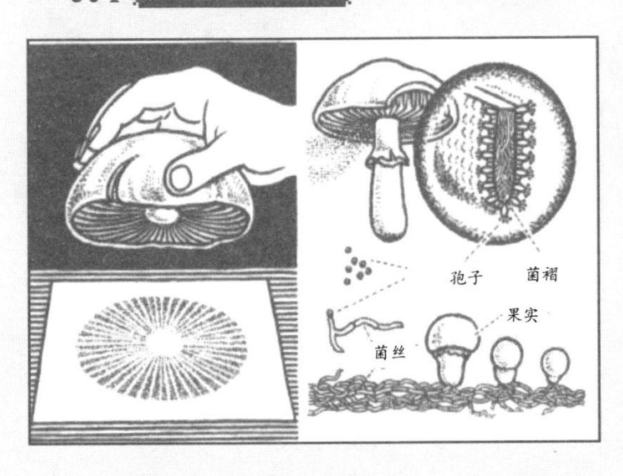

把一个较老的褶蘑或管蘑的蘑头，在干燥的地方放在一张白纸上。一天以后，它就会留下一幅由细粉末组成的孢子图像。它是由从蘑菇的褶里或管里掉下的上百万计的微小的单细胞孢子组成。

蘑头是菌类的果实。真正的菌类植物是一种白色的生长在土地里的线体，即菌丝。它是从被风吹到合适的土壤里的单个孢子中生长出来，过了多年后形成新的果实。

NO.365 引火多孔菌的秘密

一棵倒在地上腐朽了的山毛榉树干上，常常长出很多引火多孔菌来。但我们如何解释这些托架形状的菌类，有的立在树干上，有的却平躺在树干上呢？

立着的是树倒下以前长出来的，而躺着的则是在树倒下以后长出来的。和所有管状菌类一样，引火多孔菌也有它的管道，孢子就在可以挡雨的下面形成。它是一个寄生者：它的菌丝，一种蘑菇线状网络，侵入树皮，进入树干的内部，攫取树的养料，逐渐阻断了树木汁液的流通，并在已经死亡的木头中繁殖。

NO.366 森林中的共生现象

小心挖开松树下生长有黄牛肝菌的土层，你就可以看到，白色的菌丝在松树的根毛上覆盖一层毛茸的细纱。树和菌类是互生互利的。

这种共同生存的现象，称为共生现象。菌丝的细纱网络，深入到松树根茎纤维层当中，为它输送水分和营养盐。在同样的通道里，松树也把树叶生产的生长素在归程中返还给菌丝一部分。

No.367 颜色测验

在森林里采一朵风铃草，把它放在蚂蚁出没的蚁穴上片刻。蚂蚁马上就会用尾部把一种有刺激味道的液体向花朵喷射去。一旦这样的液体碰到花朵上，花朵就会变成红色。

紫色的植物颜色，在化学中可用作“指示剂”以确定酸碱：测试中，它在酸液中变红，而在碱液中则变蓝。紫色花朵上的红斑，表示它受到酸的侵袭。那就是蚁酸，蚂蚁用它来自卫和杀死猎物。

No.368 蚂蚁的长途运输

蚂蚁的运输线路从蚁穴出发朝各个方向深入到森林中，这些线路都通过蚂蚁留下了特殊的气味作为标志的。在蚂蚁向下弯曲的触角中，有嗅觉器官来接受这种气味，从而知道哪里是自己的道路。用手指在这样的线路上划上一道，蚂蚁就会被陌生的气味引入歧途。

它们在自己线路上——有时是从很远的地方，甚至是树梢上——运输冷杉的针叶、小木块、虫茧、蝴蝶、植物的种子、甚至比自身大100倍的甲虫。

NO.369 林中沐浴

在红褐林蚁的穴丘上出现了混乱，因为一只松鸡突然落在了上面，并扇动着翅膀，伸展开身躯，似乎要在蚂蚁堆中“沐浴”。

成百上千只蚂蚁立即围了上来，从尾部喷射出蚁酸，这是一种有刺激味道的液体，平时是为了驱赶敌人和杀死较小的猎物的。但松鸡看来已经学会了把这种酸液当成天然的杀虫剂，用它来清除自己身上那些讨厌的寄生虫和虱子。

NO.370 小松鼠收藏蘑菇

谁要是在秋天穿过森林，注意观察，就会在树枝上和树皮缝隙里发现很多各式各样的蘑菇，就好像有人在秋阳下晾晒这些美味食品。

这确实是小松鼠为寒冷的季节储藏的食物。它收藏的蘑菇有：黄牛肝菌、食用牛肝菌、蜜味蘑菇和鸡油菌。有一些毒蘑和可食用的蘑菇具有同样的坚果味道，但松鼠却能够把它们区分开来。它们是如何区分的，这始终是一个谜。

NO.371 榛子外壳上的洞孔

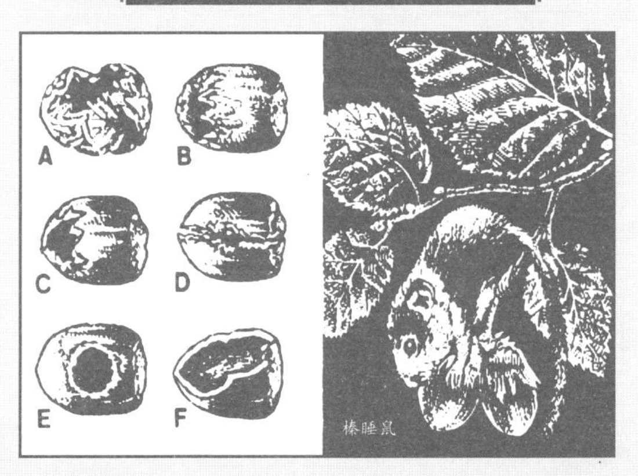

榛树会在秋天吸引很多动物前来，榛子外壳上的咬痕告诉我们，是谁把美味的榛仁给吃掉了。

尚无经验的年轻松鼠，从四面咬噬榛子，直到它完全破裂（A）。有经验的老松鼠，却只咬榛子的尖端，因为那里的皮最薄（B），或者用牙齿的杠杆力把榛子爆开（C）。松鼠还常常在榛子周围咬一道凹痕，然后再把它咬开（D）。圆形洞孔带有细齿痕的，来自林姬鼠、棕黄田鼠或者榛睡鼠（E）。而啄木鸟则先把榛子固定在树皮缝隙，然后再用尖喙把它啄开（F）。

NO.372 树皮上的信号

树林里的树上，常常出现被动物咬擦过的痕迹，那么谁是作案人呢？

赤鹿常在云杉、小白蜡树和山毛榉树上撕下长长的树皮（A）。而鹿却是咬噬树皮（B）。兔子只咬掉嫩绿的树皮（C）。林中野兔却一直咬到新木部分，它的上牙留下的痕迹比下牙更为清晰（D）。松鼠撕扒的树皮呈螺旋状（E）。园鼠和山鼠留下的咬痕则是小凹槽（F）。

No.373 洞穴中的秘密居民

狐狸窝还是獾窝？仅仅动物的足迹还不能回答这个问题。狐狸窝的入口是椭圆形的，此外，骨头残余、羽毛和腐尸味道也是标志。

而獾则不同，它的窝的入口是圆形的，往往藏在荨麻丛的后面，很干净。到了秋天，还可以从草地和落叶上的拖痕，判断獾的洞穴，这是它用前后脚倒退着往窝里拖干草和树叶的痕迹。冬天，就很少能够看到它的痕迹了，因为它开始了冬眠，只消耗身体里积蓄的脂肪。

No.374 野猪沐浴

很多野猪的足迹清晰地走向森林中泥泞的水洼，这就是野猪潭。它们定期在朦胧时分来这里洗涤它们的“黑衣”，有时为此要走最多四十公里的夜路。

它们在这里洗浴，是为了摆脱皮肤上的寄生虫，待身上的干泥掉下来时，也丢下了上面的寄生虫。它们洗完后，用几个小时的时间，在树干上摩擦自己的身体。最后不仅树皮被蹭掉，而且还在树干上留下一道道凹痕，这是一头雄野猪摇晃脑袋时，它强有力的獠牙，给树干造成的伤疤。

NO.375 犄角小常识

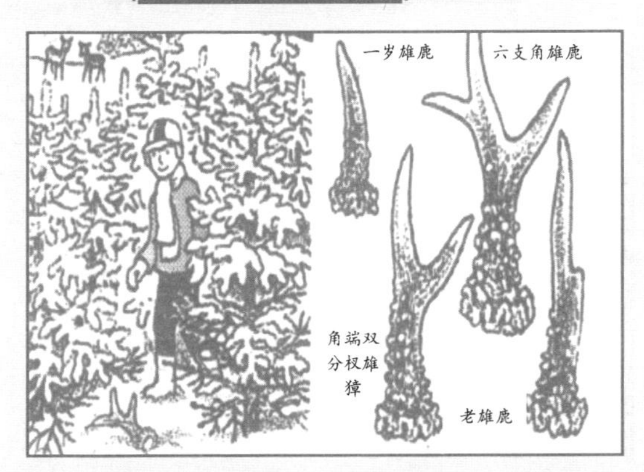

每到冬天开始，雄鹿就要失去它们的犄角。谁要是发现了它们，就应该拿到森林管理员那里去。他会给你讲解有关动物犄角的成长发育、年龄、特性和营养方面的知识。

犄角支叉的多少，绝不等于动物的年龄。犄角长到大约第六年，达到最结实最成熟阶段，然后就逐渐退化。老鹿的犄角就只剩下一根匕首般的长角，而没有了前后枝杈。由于这样一头鹿特别好斗，所以对它的同类也就有致命的危险。

NO.376 被咬噬的犄角

雪地上鼠类的足迹经常引向一只被抛弃的鹿或狍的犄角，这时我们就会在犄角上发现很多细小的齿痕。鼠类确实咬噬犄角的主干部，主要为了满足它们骨骼和牙齿对钙的需求。

被抛弃的鹿角大量消失，松鼠也要承担责任。它们把鹿角拖到地穴或树洞中的储藏室。伐木的过程中，人们可以找到这些鹿角；它们大多已被咬噬干净，只剩下最坚硬的根部。

NO.377 云杉球果上的喙痕

成堆的云杉和松树的球果，大多只有尖端被啄食（A）。这样的球果都堆在所谓“啄木鸟铁匠铺”周围。这是树干或树墩上的一个夹口，啄木鸟从树上扯下球果，像放在一个夹具上一样固定在里面，然后用尖喙把果中有油性的种子啄取出来。

鳞片分裂变成纤维状的云杉球果（B），是交嘴雀的作品。它头朝下坐在球果上，用它的弯曲的交叉状的喙，插到鳞片里面，把球果啄成丝条。

NO.378 被咬噬的云杉球果

从树枝间落下很多云杉球果的鳞片。往上一看，才会发现不知在什么地方有一只小松鼠，正在用它坚硬的牙齿咬噬着云杉球果。它逐排把鳞片扯下，以便能够得到鳞片里面的种子。最后连球果梗也扔到地上。它咬噬得很不彻底，球果尖端的鳞片还留在上面（A）。咬噬的比较干净的球果梗，是林姬鼠和棕黄田鼠的功劳（B）。它们要爬到悬挂球果的高高的云杉的梢头。

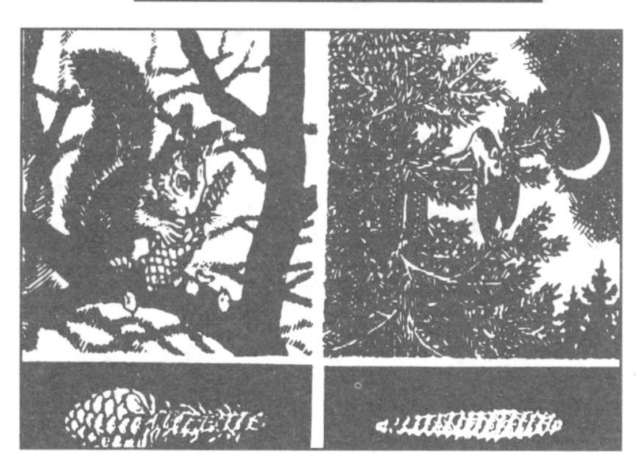

NO.379 水下放大镜

你想要一个可以观看水下动植物、既不反光又不变形的窥管吗？它是很容易制作的。取一个大约20厘米高的塑料花盆，用刀锯在盆底剪一个窥视孔。用透明不怕水的玻璃纸把盆口和盆外壁包起来，绷紧，用胶条固定好。

把这个窥管竖立拿在手中，放进水里，玻璃纸在水的压力下会稍微向上凸起。光线会在这个透镜一般的表面上折射，放大水下世界的景象。

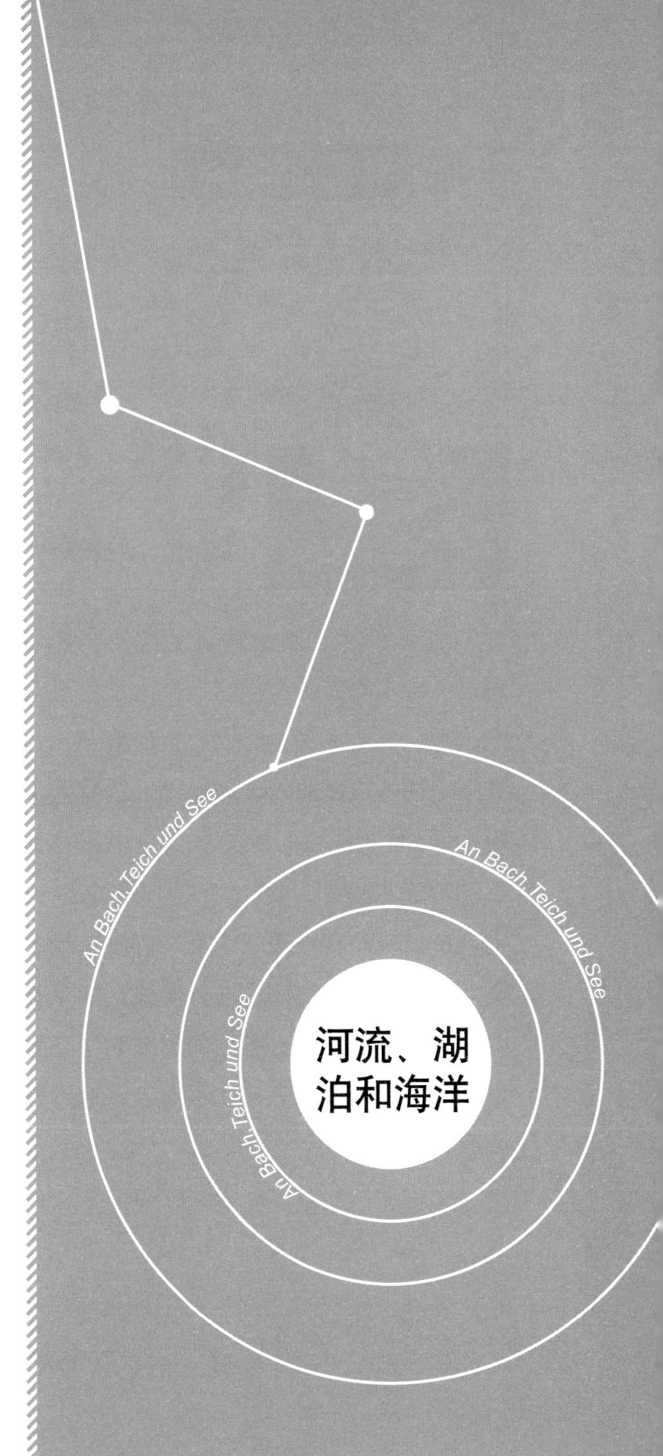

NO.380 水滴显微镜

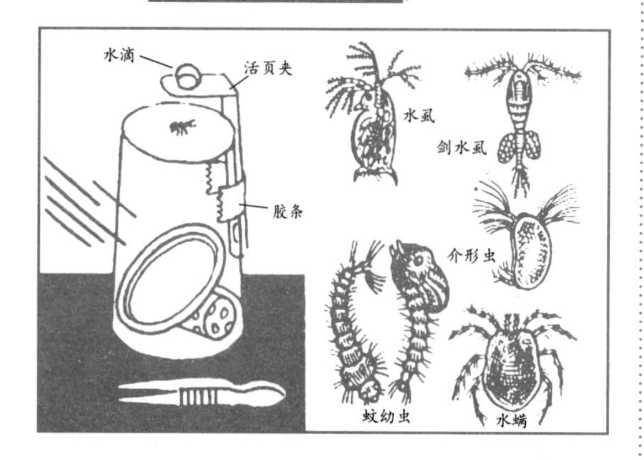

水虱和其他很多微型生物，你都可以通过一台水滴显微镜把它们放大数倍进行观察。把一个活页夹上的铁片折成直角，用胶纸固定在一只倒放的玻璃杯上，让直角平面距杯底1厘米左右。把一只小昆虫或其他小生物放在杯底上，然后在铁片孔上滴一滴水，把眼睛靠进水滴进行观察。图像的清晰度，可以通过折叠铁片进行调整。如果在杯中放一面小镜子，还能增加图像的明亮度，小镜子可以斜搭在一个软木塞上，通过移动玻璃杯进行调整。

NO.381 滑冰者

水蛸像小小的滑冰者一样，在花园的水池中成群结队地滑动着。它们在等待着落水的昆虫。

昆虫掉进水中的挣扎造成水面震动，水蛸的腿会立即感觉到，随即它就会朝着浪花冲去，通过跳跃式前进加剧了水面震动，使得落水的昆虫继续挣扎，于是它就朝这个方向迅速滑去。

水蛸可以分辨水面的各种不同的震动。如果你拿一根小树枝搅动水面，它们则不会作出反应。如果你用一只吸管深入水中，吹起轻微的波浪，它们就会受骗，立即从四面八方赶来，冲向并不存在的猎物。

»NO.382 四眼甲虫

池塘或小溪，这些阳光下的小港湾，都是磕头虫活跃的场所。这种只有5毫米大小、金属般闪亮的甲虫，用它们的小腿飞快地划动着，就像是在划微型的小船；它们在水面上画着圆圈和螺旋，速度之快，让你的眼睛都跟不上。可是这么快的速度，它们相互之间为什么不会相撞呢？

甲虫的触角里有一个车轮状的感受器官，可以辨别水中的障碍或猎物。它有四只眼睛，一对在水上，一对在水下。甲虫如果受到了威胁，它就会马上潜入水中，并带下去一个气泡，用作呼吸，然后就藏在水中的植物里面。

»NO.383 蜻蜓和兵草

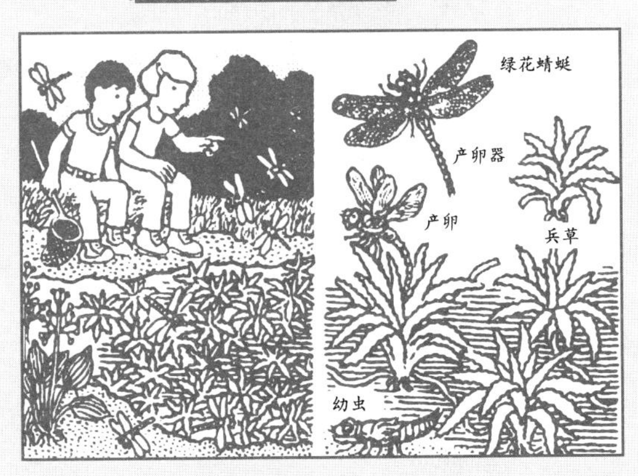

夏天，当兵草的大叶子在池塘和沟渠里形成“浮动草坪”的时候，绿花蜻蜓也就随之而来了。这是一种尾部带有蓝斑的大蜻蜓。它们和兵草有一种神奇的不解之缘：雌蜻蜓只把卵产在这种植物的大叶子上。

如果把水中这种植物清除掉，那么绿花蜻蜓也就无法繁殖了；那样的话，人们就再也看不见它们的幼虫，也看不见它们在空中飞翔着捕捉蚊蝇了。

NO.384 一只蜻蜓的诞生

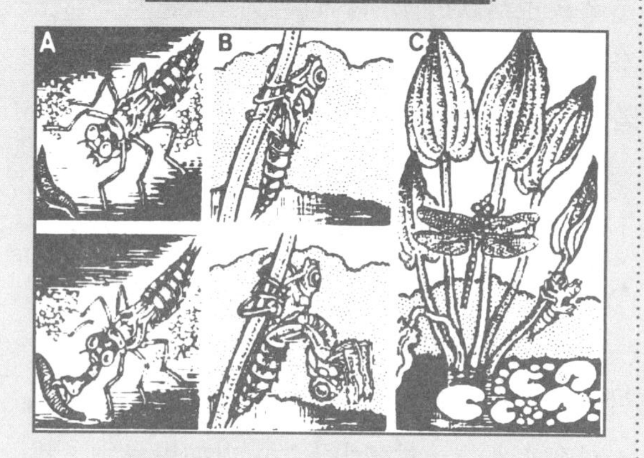

在夏天池塘里的蜻蜓幼虫，是一个十分有趣的观察对象。一个看点是它们的“捕捉面具”：大眼睛的幼虫只要发现猎物（水虱、小昆虫和水蛭），就会偷潜过去，然后用它的捕捉器飞快夹住猎物，送入自己的口中（A）。

直到有一天，幼虫会爬上芦苇，它的外壳裂开，从里面钻出一只闪光的蜻蜓来（B）。但还要等两个小时，它的翅膀才能坚挺（C），扇动着飞向空中。

NO.385 蚊虫的婚礼

在一个沼泽池塘里，蚊虫从卵长到成虫，需要两周的时间。夏天，上百万的蚊虫会像一片乌云一样从水中升起。

NO.386 池塘里的强盗

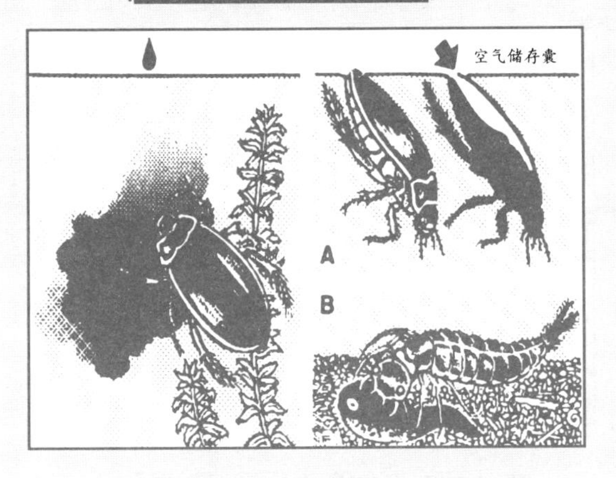

在池塘里捕虫时，有时会在纱网中找到一种大约3厘米大小的黑色黄边甲虫。抓到它以后，你最好把它放在一个有盖的鱼缸里，因为它是一个优秀的飞行员，可以飞着逃走。

一切水中小生物都可以作它的饲料。你如果把少许肉汤加上点墨汁，滴入水中，黄边虫就会显示出它的勇猛本性来。在肉汤的黑雾中，它会奋力地摇摆，试图捉住并不存在的猎物。黄边虫还经常浮出水面，为了给它翅膀下的小空囊中充满空气（A）。它的幼虫也很勇猛，它的钳形嘴常常能把猎物吸食干净，包括蝌蚪和鱼类（B）。

NO.387 水下房屋

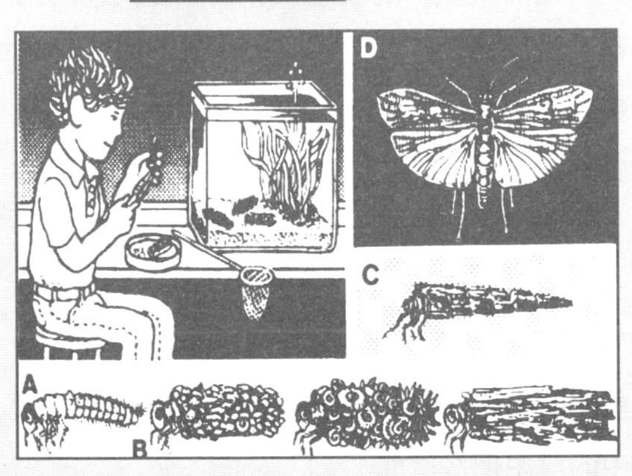

池塘或湖泊底下，活动着一种3厘米大小管道状的东西。把它放在鱼缸中，你就能发现在它中间藏匿着微小的动物。原来这就是毛翅蛾的幼虫（A），它用碎石粒、木头碎片和微小的蜗牛外壳筑成了一个保护管，活动时就带着保护管行走（B）。

有些幼虫则会把剪裁好的方形树叶，编织成一个纸口袋一样的小箭囊，它就像坐在潜水艇中一样在水中行动（C）。毛翅蛾是一种像蝴蝶一样的昆虫（D）。

NO.388 步行过池塘的蜘蛛

食肉蜘蛛能够在水面上行走，是借助于水的表面张力：水的分子（图中为黑点），是相互吸引的。液体内部的引力到处均衡，因为它从各个方向对分子起作用。而对水的表面，引力却只是来自下方和侧面，因为上面是空气。因而水面上形成了一层“薄膜”。

蜘蛛把腿平放在水面上，就可以在上面行走。蜘蛛如果想猎取水下的虫类和幼鱼，它就必须立起来，突破水面上的“薄膜”，潜入水中。

NO.389 梭鱼的迁徙

在早春季节，梭鱼是要“迁徙”的：它们来自湖泊，穿过河流和洪水泛滥的草原，最后到达小水渠中产卵。

在朝阳的长有水草的地方，我们可以看到个别的或成双的梭鱼在那里停留。它们只是逆流而行，因为它们的流线形身体为水流提供最小的阻力，而水流却可以为它们带来各种猎物。

如果你小心地慢慢接近梭鱼，它们似乎在那里一动不动，几乎可以用手把它们捉住。但它的反应却是极其快捷的！它会立即朝河的上游闪电般逃去，并在逃跑中卷起水中的污泥把水搅混。

No.390 池塘中的音乐会

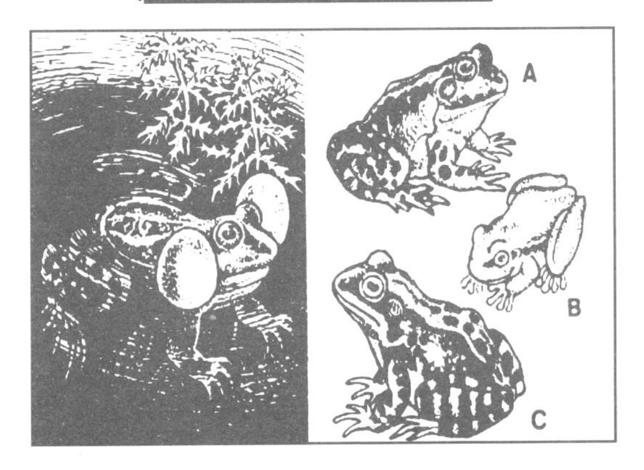

青蛙呱呱叫时，并不用张嘴，而是用空气冲击鼻孔发出声音。水蛙的声囊在它的面颊两侧，草蛙和雨蛙则在喉咙部位。声囊能够加强声音的强度，就像是两只充满气的气球。

哪些蛙类会在春天来到池塘，高唱它的婚礼赞歌呢？水蛙（A）在寂静的晚间先开始奏起“莫啊——莫啊”的音乐，接着就是“布来——布来——布来”的尾声。草蛙（B）只会发出轻轻的咕咕声。雨蛙（C）坐在水旁的灌木丛中，发出一种响亮的“唉普——唉普”叫声，从很远的地方都能够听见。

No.391 池塘中产卵

花园中的池塘，如果水草茂盛，水干净，可以成为青蛙和蟾蜍的产卵场地。我们可以在池塘中发现很多卵球或卵带，从中产生出蝌蚪来。它们用角质腭咬噬卵胶和藻类，渐渐地它们也可以吃些人们喂的金鱼食和肉末。

我们可以在岸边悬挂一些彩色布条，用以驱逐乌鸫不至于伤害幼蛙。如果到了夏天，幼蛙们要离开池塘，我们可以把它们收集起来，放到天然环境中那些干净的水域去。

NO.392 鱼缸中的刺鱼

背上有三根刺的雄性刺鱼，在春天时有鲜红的腹部和蓝绿色的背部。如果把一条雄性和一条雌性（灰绿颜色）的刺鱼放进一只有水草的鱼缸中，就可以看到它们养育子女的情况。你把切碎的草根放入水中，雄鱼就会把它们一撮一撮地拖到水底，在那里筑一个巢。然后它就引诱雌鱼到那里去产卵，监护着鱼卵，并不断把新鲜的空气扇动到那里去。10天以后，如果有孵出的幼鱼误离鱼巢，刺鱼就会把它含在口中，再送回来。刺鱼需要活饲料，如水虱和蚊虫的幼虫。

NO.393 保卫领地

雄性刺鱼对一切接近它的巢的东西都会进行激烈的攻击，甚至连蜗牛都得退避三舍；毛翅蛾的幼虫也会被刺鱼含在嘴里运走。连它自己的妻子产卵后都要被它赶走，所以你最好是把雌鱼从鱼缸中取出来。如果你用蓝色和红色的橡皮泥做成一条假刺鱼，插上一根毛衣针送入鱼缸中，或者拿着叶柄把一片柳叶伸到鱼缸中，都会毫无例外地遭到刺鱼的攻击。如果把这只柳叶放入小溪或池塘中刺鱼的领地，它就会咬住柳叶不松口，甚至可以把柳叶拖出水面。

NO.394 成排的蚌壳

大冬鸡在冬天钻进没有结冰的水中寻找它们最喜欢的食物——盘子大小的无齿蚌。它们在冰凌旁边把蚌摆成一排，然后站在上面，用它们的尖喙逐个啄开。

NO.395 芦苇上的巢穴

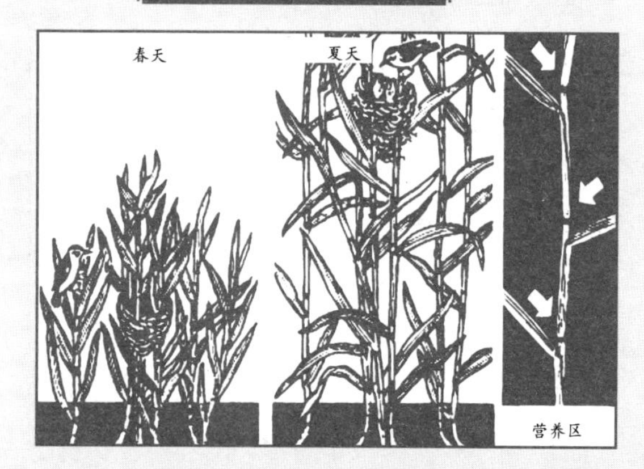

夏天，在芦苇杆的顶端晃动着苇莺的小花篮模样的巢穴——和所有苇莺类鸟一样——它们在湖泊和池塘边的芦苇丛中栖息。

谁要是在春天观察一下苇莺是如何在还矮小的苇杆上编织巢穴，或许就会感到奇怪，为什么苇杆不会长高以后盖住巢穴，而是和带有五到六枚鸟蛋的巢穴同时向高处生长。和所有的草类一样，苇杆上也在分结处有一个“营养区”。这些浅绿色部位，是由柔软、尚未木化的纤维组成，并被叶子包裹而受到保护。

No.396 来自北方的客人

严寒季节，在森林或草原小溪的没有结冰的地方，会看到翠鸟来过冬。这种有着鲜蓝色背部和肉桂红色的胸部的小鸟，在德国是很少见的；冬天时这种鸟从北方地区来到这里，因为它们那里的河水都已冰冻，抓不到鱼了。

翠鸟站在树桩上长时间观察着冰窟窿。突然，像一支箭似的冲入水中，然后嘴里叼着一条手指长的鱼又回到水面。由于缺少食物，这种鸟不得不进入冰层下面觅食——有时甚至找不到回来的路。

No.397 保护后代

谁要是运气好，就能够在春天的池塘里捉住一对鱼，同时还加一只活着的无齿蚌（A），或者珠蚌（B）。你可以把它们一起放入鱼缸中。在蚌壳开口处，这种鱼的雌性用一根约5厘米长的产卵管产卵，然后色彩斑斓的雄鱼过来射精。三个星期以后，幼鱼就孵化出来。它们抓住蚌肉不放，过几天以后才离开蚌的保护。没有蚌，这种鱼就不能繁殖。

NO.398 水鸟的御寒

冬天，鸭子和其他水鸟在冰冷的水中能够停留数小时之久。为什么寒冷不会伤害它们呢？

原来，它们用嘴从尾巴上方的尾脂腺中压挤出油脂般的脂肪，分配到肢体上，所以身体是排斥水分的。可以做一个试验：水滴掉在鸭毛上，就会立即滑下，而不会把鸭毛打湿。在排斥水分的廓羽下的绒毛状的绒羽之间，保存了温暖的空气，使鸟的身体与寒冷隔离开来，并同时像一件救生衣一样，让它浮在水面上。

NO.399 冰中的蜗牛壳

乌鸦在一片草原水洼的冰中寻找什么呢？它们正在啄开冻在冰层里的蜗牛壳，吃藏在里面的水蜘蛛。

在温暖的季节，这种黑蜘蛛依靠它们有茸毛的身体从水面吸取空气，沉入池塘水底，在水下植物中间用蛛丝编织成“潜水钟罩”。但水蜘蛛也常常栖息在空的蜗牛壳中，特别是较大的泥蜗牛壳中。充满空气的蜗牛壳升到水面，被冰冻住。蜘蛛就在里面过冬。

NO.400 污泥中的天然气

从一个沼泽中，特别在温暖的季节，常常可以看到有气泡冒出来。用一根木棍搅动一下水底，就会有更多的气泡冒出水面。

这种气泡里并不包含水下动物呼出的气体，而是植物在水中污泥里发酵和分解时所产生的沼气。沼气，是一种含碳氢成分的气体，可燃。它可以在污水处理场中的污泥中产生，然后作为能源使用。但它同时也是天然气的组成部分，是在原始时期通过有机物质的分解而形成的。

NO.401 水中的压力波

一个好的垂钓者不仅应该会沉默，而且还应该能够静坐，特别是在船上。

鱼不仅通过它们的听觉器官感应外界，而且还能借助压力的变化，例如脚的活动会通过船板传入水中，抵达鱼的侧线器官。这是从鱼鳃一直到尾部的鳞片之间的毛细孔系列。它们的下面就是感官细胞，可以把一切最细微的压力变化记录下来。鱼类还可以通过这个感觉器官，为自己指示方向。即使在浑浊的水中或黑暗中，它也可以辨别这个压力是来自同类，还是来自天敌或者只是一块石头或树枝。

NO.402 被磨损的树木

在平原和山区，特别是在海滩上，我们可以看到很多奇形怪状的树木。它们大部分是赤松，一种畸形的老松树。狂风暴雨年复一年地冲击着这些树的树冠，再加上随风而来的沙粒和冰晶，把朝风一面的树芽，就像用砂纸磨过一样光滑，或者根本就不让幼芽长出来。

在低湿地区，有些农户会依靠树木和灌木丛来抵御风暴。我们可以根据这些位于地平线上的树群来确定风的方向：它们被风刮成了一个倾斜面，它们的怪异形状，表明了当地的主要风向。

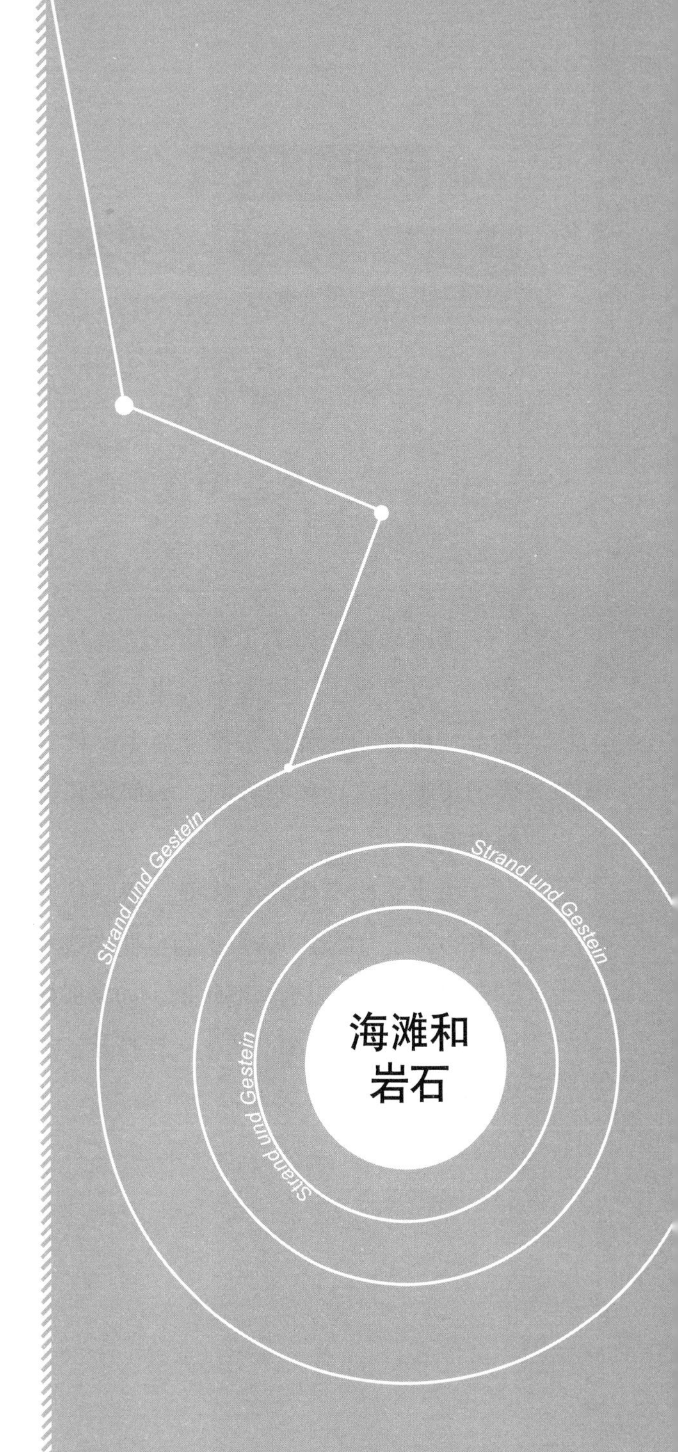

NO.403 风中的鸟类

在海岸边吹过的尖利而冰冷的风中，我们可以看到上千只海鸥聚集在冰上和海滩上。所有的鸟都像是接受命令一样，一律把尖嘴对着顶风的方向。如何解释这种现象呢?

由于它们身体的流线型，所以从前面吹来的风阻力最小（A）。而从侧旁或背后刮来的风，却可以把海鸥吹倒。如果那样的话，它们就必须把廓羽像伞一样打开，从而失去绒羽中的暖气。

NO.404 飞行中的气象预报

昆虫可以像气压计一样显示出气压的变化。蚊虫、苍蝇、蝴蝶、甲虫、会飞的叶虱以及蚂蚁，这些昆虫只有在好天气里才飞上空中，形成巨大的群体。燕子就会在这时去捕猎它们，同时也在向我们预示好天气的来临。

有时候昆虫会陷入到上升的气流中，被吹到海里。所以我们有时会在海滩上看见上百万只瓢虫被海水冲到岸上，其中很多有益的甲虫是可以得救的，你只需要用清水把它们冲洗干净，然后用糖水喂养。

▸NO.405 解开北海浅滩怪声之迷

在德国北海浅滩落潮时，常可以听见轻轻的咯咯吱吱的怪声。这些声音是由大约10毫米大小的泥虾所发出的，在有些地方每平方米的浅滩底下，有上千只这样的泥虾生活在4厘米深的U形的管道当中。

当这些头带两支天线的小动物从管道中升至水面寻找食物，同时摆动它们的天线时，它们周边的水面薄膜就会破裂，发出轻轻的喀嚓的声音，声音通过管口时被扩大，所以成百万的这种声音就产生了持久不断的神秘的咯吱声。

▸NO.406 海底的管道

北海浅滩落潮时，我们可以发现不少扭在一起的沙条形成的小土堆，而在距离它大约10厘米的地方，我们也可以找到很小的漏斗形的孔洞。长着长长红嘴的蛎鹬知道得很清楚，它在这里可以找到它最爱吃的美食，一种绿褐色的软虫沙。

如果你用一把铁锹向下挖去，就会发现一条U形的管道，里面藏着一条20到30厘米长的毛茸软虫。这种虫从泥中或者海水冲入管道中的植物和动物中吸取养料。

NO.407 甲壳类动物的方向感

在海滩上查看一下被海水冲上来的藻类，就会找到一些15毫米大小的甲壳类动物——沙蚤和剑水蚤。为寻找植物和动物类食物，它们甚至敢于接近干燥的沙地边缘；其中的一些也会和海带一起被风吹走。但它们却始终能够回到它们的生存空间，潮水的边缘。

如果你把一些这样的小甲壳动物移到距离海岸几米远的地方，你就能够看到，它们可以根据太阳的位置和时间的不同而确定水的方向。

NO.408 海滩收藏品

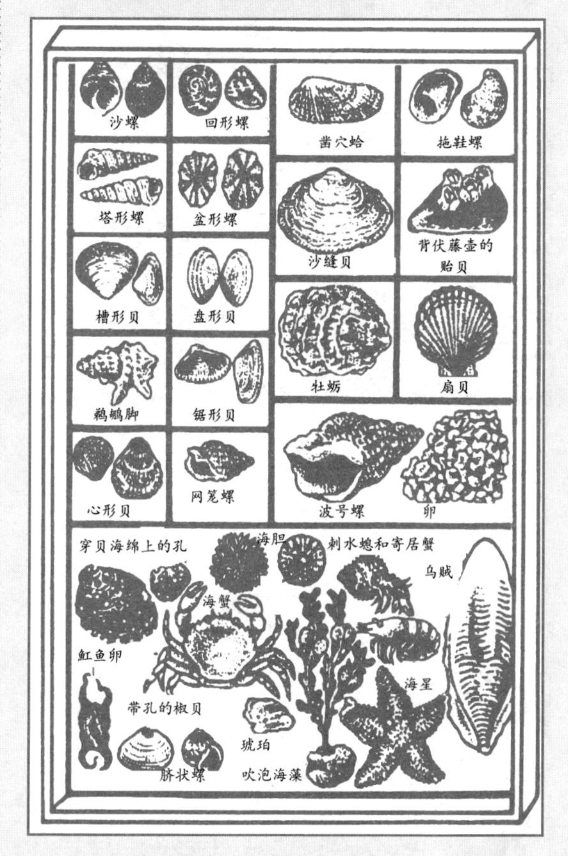

谁要是能够把螺壳和贝壳分类整理，他就可以成为一个了解海洋生命的专家了。把收集到的海螺和贝类整理好，用木条和硬纸板做一个展览框，用画笔画出分类格并写上名称，然后把各种贝类用胶水粘上去。

NO.409 海中菜类

如果你在海水退潮后的边缘处观察，你就会发现各式各样的海藻植物，如海带、海菜、锯齿藻、吹泡藻等等。其中的一些可以放在你的收藏品中，把它们放在报纸上，它们就会很快变干。海藻用它们的吸盘固定在海底，常常在风暴中同活动的石块一起被冲上岸。海藻的另一种固定方式，就是把自己牢牢贴在贻贝上，贻贝用一种丝网固定在海底，相互像花环一般结合在一起，海藻就夹在其间。但风暴到来时，它还是有可能和贻贝一起被冲到岸上。

NO.410 海星分裂

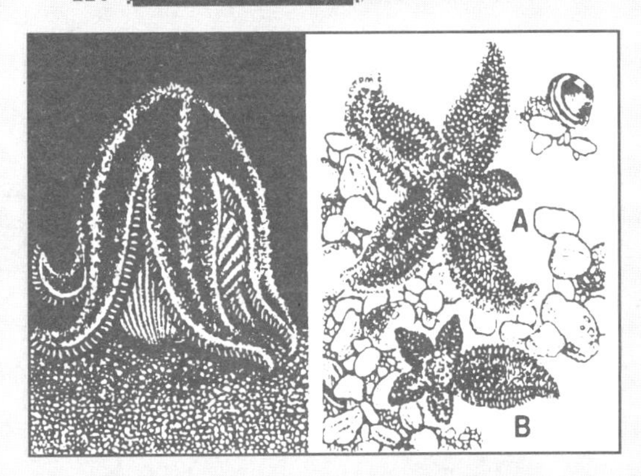

海星用它的吸盘——每个腕有管足四列，管足末端有吸盘——在大海中固定在贝类之上，用它的压力迫使贝类打开，然后把胃卷进去吃掉贝肉。

我们常常可以看到一些肢脚长短不一的海星。这是因为它有一种失去肢体部分再生的能力。如果海星的一只脚被拉断，它就会再长出一只来（A）。而掉下的那只脚还可以长成四只脚，所以小海星看起来很像是一颗彗星（B）。

不要把海星拿回家去，也不能让它留在岸上。否则它就会干枯而死去。

NO.411 海盗钻的孔

在贝壳中，我们常常可以发现，一些贝壳上面靠根部都有一个4毫米大小的圆孔（A）。这些都是珍贵的收藏品。或许你还会在一枚脐状螺上靠近脐状开口处发现这样的圆孔（B）。

海螺会攻击较小的贝类。它从一种腺中分泌出可以分解钙质的硫酸来，在硫酸的帮助下，钻透贝类的壳。然后它再把大象鼻子一样的嘴通过圆孔吃掉贝类的肉。

NO.412 被钻透的石头

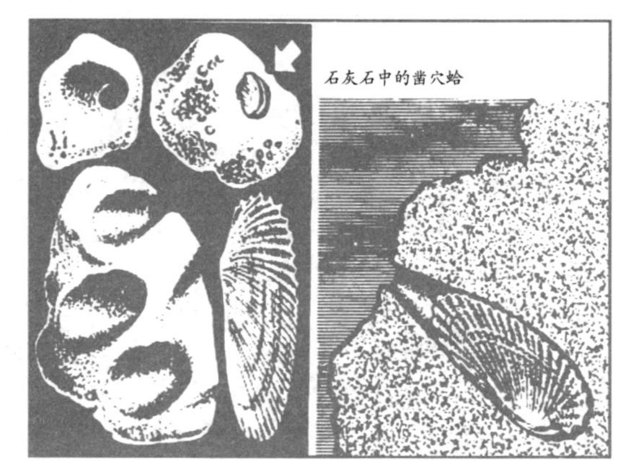

在海岸上，我们可以发现一些特殊的灰岩卵石和漂砾或者页岩块，它们上面都有一个手指粗的圆形洞孔。这是谁的作品？是凿穴蛤，这种贝类常常可以在海滩上见到，它的外壳很像是天使的翅膀。

它用它的锯齿般的外壳边缘，在岩石深处钻出一个栖息的住所。由于它自身会不断长大，所以它的居穴越往里面也就越大。但它也就永远无法再出来了。如果它钻孔的对象是海里松散的石块、陶瓷或木头，那么由于海水的冲刷，还有可能把它冲出来。

NO.413 闪光的大海

大海在夜间发光，是一种自然现象。这种光有时只、是一片闪烁的火星，有时是清晰的白光。这都是由成百万只大头针大小的荧光虫所造成的。它们身上有一种物质，只要有足够的氧气，就会发出光亮来：在波浪上、在潮水中，在海滩潮湿的脚印里。

NO.414 一段历史的显现

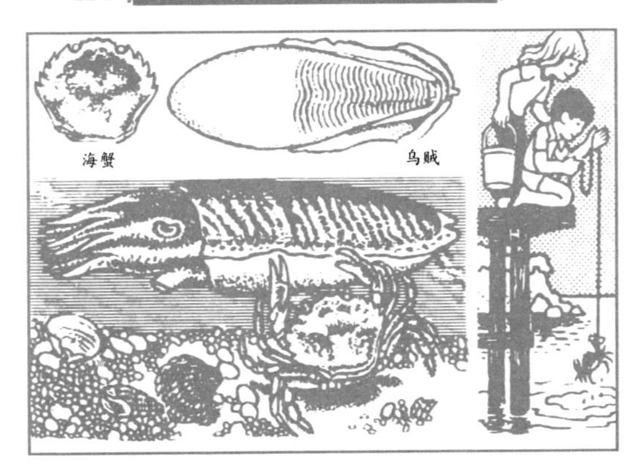

从海中冲到岸边的螃蟹壳和乌贼壳，联结着一段吃与被吃的历史。乌贼主要靠吃螃蟹生活，然后把螃蟹壳抛弃掉，螃蟹壳被冲了上来。而当乌贼产卵后无力地躺在水底时，大批螃蟹就会向它发起攻击；最后只留下它的白色石灰质的背壳。

螃蟹能够嗅到它的猎物：用一根绳拴一块肉，放入水中有石头的地方，你很快就会钓上一只螃蟹来。

NO.415 冲上岸边的“海醋栗”

有时，愤怒的大海会把很多球状物体抛上岸边，它们看起来就像是透明的醋栗果。其实那是一些栉水母，它不像其他品种的水母那样蜇人，所以可以拿在手中。

在一个大玻璃罐中，你可以观察水母是如何运动的：通过无数的、排成八排的小睫毛有规律地移动。水母有两支可以伸缩自如的长长的触手，用于捕食海中的小生物。

NO.416 落潮时捕鱼

在北海浅滩的浅水洼和潮路中，常有一些很小的鱼类在里面来回窜游。它有叭喇狗似的头部，这种鱼就是沙鮈，它刚刚从母鱼产在贝壳底下的卵中孵化出来。

可以捉一只这样的鱼放在一个海螂贝壳中观察。你可以看到，它用腹鳍上长的吸盘紧吸住贝壳底——这是它的很实用的器官，因为它们在岸边常常受到海浪和潮汐的威胁。

NO.417 河边的发现

春天，当年轻的鳗鱼成群结队从大海向我们的河口迁徙时，它们已经四岁了。因为它们从产卵的大西洋中央来到欧洲，需要很长的时间。

它们这时候有一指多长，身体也由开始时几乎透明的“玻璃鳗”（A）慢慢变成了灰色，然后作为“逆水鳗”朝河的上流游去，直到我们的内河。

白天，鳗鱼躲藏在岸边的石头中间。到了晚上才从隐藏处出来，捕捉水蚤和其他生物。

NO.418 海绵也会钻孔

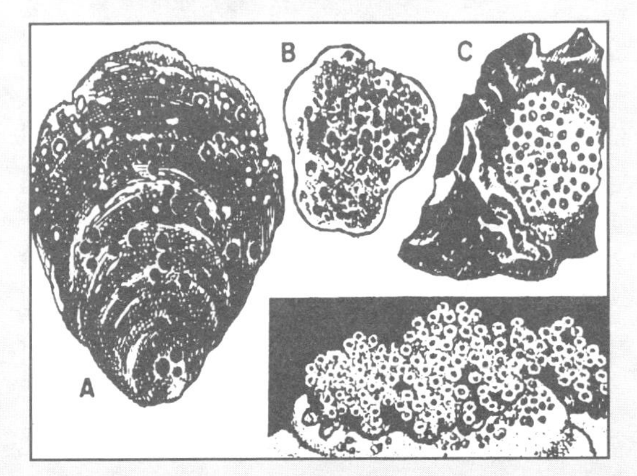

很多贝壳，特别是牡蛎（A）上，被钻成很多小孔，变得像筛子一样。石灰岩的石块上（B）和石灰包体（C）上，也被2到3毫米的小孔所布满。它们都是穿贝海绵的作品，这种动物像一团粘胶，在石头和贝壳上“生长”，用它的化学分泌物穿透石灰质，并划上细细的沟渠。

另外，穿贝海绵中还包含由硅酸组成的部分。在1亿2千万年前的白垩纪的大海中，这种物质沉入海底，最后硬化变成燧石。

NO.419 海底的海胆

海胆栖息在岩石和防波堤上。在浅水里我们可以观察到，它们是如何用芒刺把身体支撑起来，然后借助吸盘向上攀登的。

干枯的海胆上已经没有了芒刺，实际上只剩下一个角质的外壳。它有五排双孔，小脚就是从这里伸出来。如果把它嘴旁边的硬壳扒下来，就可以看见并取下它的咬噬器官，即所谓的“亚里士多德的灯笼”（A）。它就是用五枚凿子般的牙齿把藻类从岩石上锉下来的。

NO.420 化石收藏品

在凡是有砂岩层、页岩和石灰岩的地方，往往可以找到生物化石。这些都是沉积岩，是大海在数百万年中多次冲刷大陆留下的沉积。我们可以找到完全自然的生物化石，如贝壳（A）。或者贝壳已经分解，留下一个平面的印记（B）。有时只能找到一个“石核”（C），那是海底污泥灌进动物内壳中，最后变成了石头。

NO.421 已经灭绝的墨鱼

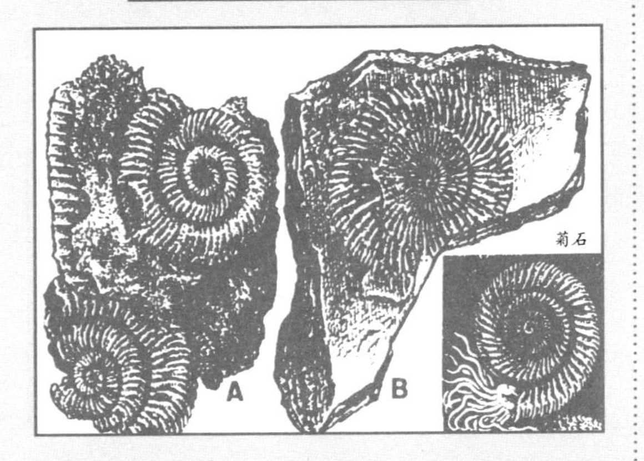

在德国南部，我们可以找到一种很像是巨大蜗牛的化石。那是菊石的化石，是一种9000万年前就已灭绝的墨鱼的外壳化石。

如果当时这种动物栖息在沙滩上，那它就会变成燧石，但其外壳却几乎完整地保存了下来（A）。如果它当时是在陶土中，那么它就会被压成页岩，外壳逐渐分解，最后留下平面的印记（B）。菊石化石有各种大小，直径可以从几个毫米到2.5米之巨。

NO.422 腕足类动物的化石

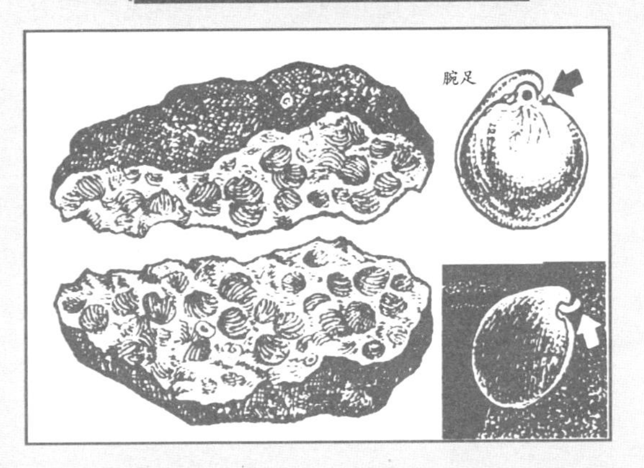

把石灰质的砂岩——在德国北部地区乱石堆中看到的一种黄灰色的石块——敲开，我们可以发现很多闪亮的印记。它看起来好像是贝类的印记，但实际上它是来自腕足类动物。

如果能够找到一个较大的化石，我们就可以看到，在外壳结合部，相互重叠在一起。一只腕足类动物，并不像贝类那样有两片可以相扣的外壳，而是腹背两面。它是通过一根穿过一个小孔的竖柄（见箭头），固定在海底的。

NO.423 燧石中的海胆

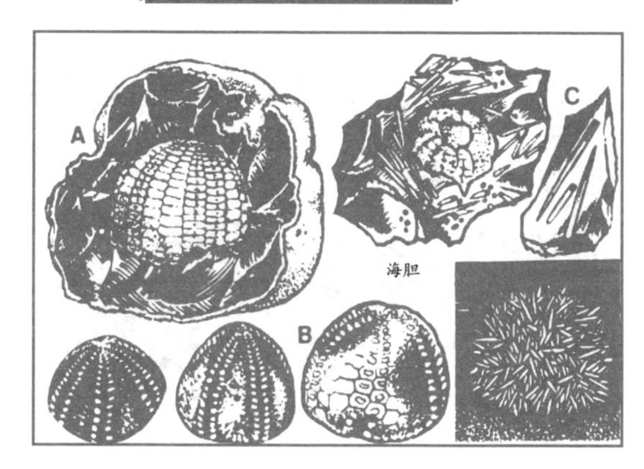

从一块打碎的燧石（A）中或者在一块被海水冲上来的“福石”（B）中找到的海胆，大约有一亿两千万岁了。

当年的海胆——和今天的同类很相似——死后落入了海底的沉积之中。那里有十分丰富的硅酸，覆盖着无数死去的小生物的遗骸，它们甚至灌满海胆的体内，最终硬化成为燧石，而海胆的球形的外壳却逐渐分解。身上脱落的芒刺也印到了燧石之上。

NO.424 来自大海的“箭石”

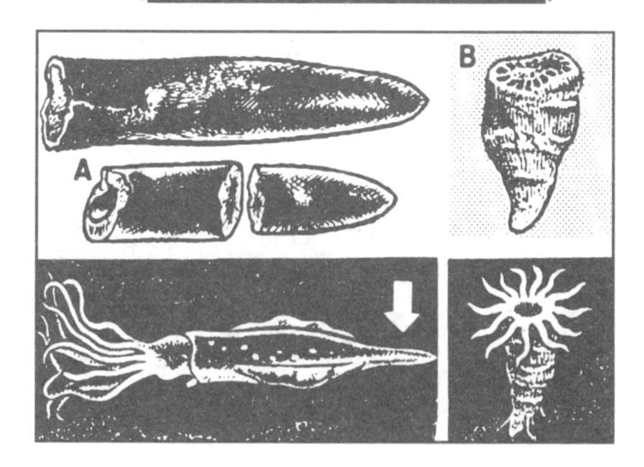

褐色酷似雪茄的“箭石”（A），我们可以在德国南部的古岩石层中找到。在德国北部的平原地区，它们只在“漂砾”中能够看到，那是在冰川时代形成的一种沉积石块、污泥和沙石。它们都是箭石类动物——一亿两千万年前生活在白垩纪的十脚墨鱼，当时的欧洲还在冰海的覆盖之下——的背壳化石。

来自这个时代的一种柱形体，是单个珊瑚的化石支架（B）。它们生活在海底，用它们的触手捕捉生物。

▸▸NO.425 火山石

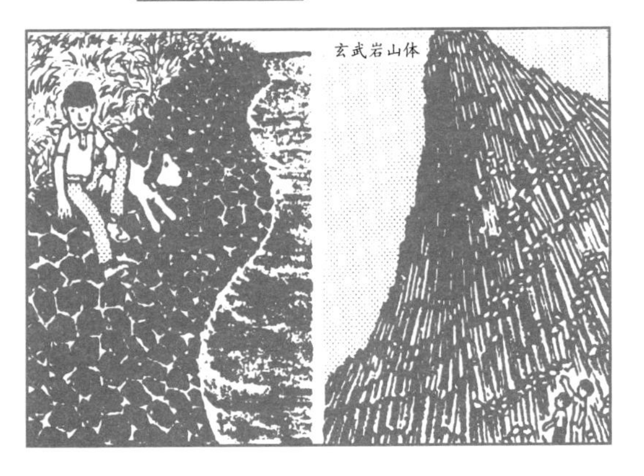

在一些河床和海岸上起牢固作用的五角和六角形蓝黑色的石头，是从哪里来的？那是玄武岩石，是一种十分坚固的火山岩，比如在德国的威斯特瓦尔德林山区、埃费尔山区和弗格尔山区都能见到。

在两万年前，或者更早，玄武岩还是来自火山或地裂涌向地球表面的流体熔岩，在冷却过程中，由于收缩而出现了竖向裂缝，很像是污泥干裂那样，因而形成了竖立而有棱角的柱形岩石。人们现在把它们锯断了，用做建筑材料。

▸▸NO.426 花岗岩的演变

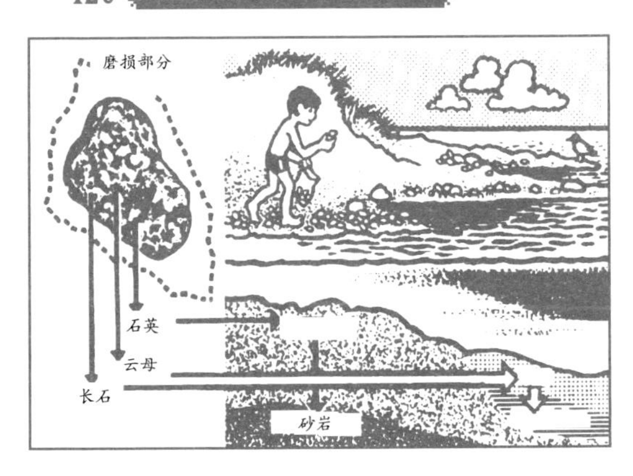

一块被冲洗成圆形的花岗石块，以前只是一块碎石片，它是通过水、冰或者植物的根茎的力量，从岩石上爆裂下来的，再经过海浪中沙子的研磨变成了圆形。

那么，在冲刷过程中，花岗岩中的组成部分石英、长石、云母到哪里去了呢？石英变成了海沙，较软的长石和云母长在一起沉到海底成了陶土。新的沉积岩产生了，沙子逐渐变成了砂岩，陶土变成了页岩。

NO.427 被研磨的石头

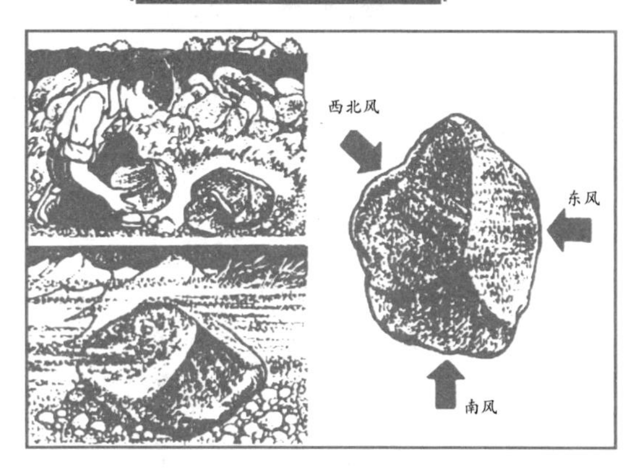

在德国北部地区野外的乱石中，常常可以发现一些具有斜面、平滑和锐角的石头，人们称它们为“风角石”，因为它们是被大多来自同一方向的带沙的风所磨成的。

这可能发生在15000年前的冰川时代，最后的冰川刚刚融化，巨大的沙尘暴吹过荒芜而没有植被的大地。到今天，仍有很多石头不断经受着风的研磨——特别是在海岸地区——从它们的三面的不同形状，可以看到当地主要的风向。

NO.428 闪光的石头

在海滩或砾石坑中找到的半透明的石英石，我们可以让它们发光。拿两块拳头大小的石英石相互摩擦，它们的摩擦面就会发出明亮的光来，而且在水中也是如此。

通过摩擦压力，石英上面的微小晶体发生变形。在它们的内部产生了电压，立即在晶体的临界地区寻求放电。这种现象被称为“压电现象”。